江西环境工程职业学院

校园观赏植物

宋墩福　杨治国 ▣ 主编

中国林業出版社
CFPH China Forestry Publishing House

内容简介

本教材是根据观赏植物的特点，依植物的主要观赏部位干、果、花、形、叶等进行分类介绍，其中每类植物又以《中国植物志》的分类顺序依次编排。书中收集的观赏植物全部为校园栽培或野生的植物，除少部分一、二年生草本植物会到受季节影响外，均可在校园中找到。本教材中的观赏植物涵盖 105 科 298 属 309 种（或变种、栽培品种），每种植物附有科属及学名，分别从生物学特征、生态习性、分布、观赏价值及应用 4 个方面做简要介绍，并配有 2 ～ 3 幅图片（含校园实景图），便于读者进一步查阅、比对、识别。

图书在版编目（CIP）数据

江西环境工程职业学院校园观赏植物 / 宋墩福，杨治国主编．—北京：中国林业出版社，2023.8
ISBN 978-7-5219-2320-9

Ⅰ．①江… Ⅱ．①宋… ②杨… Ⅲ．①江西环境工程职业学院 - 观赏植物 - 图集 Ⅳ．① Q948.525.63-64

中国国家版本馆 CIP 数据核字 (2023) 第 168439 号

策划编辑：曾琬淋　田　苗
责任编辑：曾琬淋
责任校对：苏　梅
封面设计：睿思视界视觉设计

出版发行　中国林业出版社
（100009，北京市西城区刘海胡同7号，电话：010-83223120）
电子邮箱：cfphzbs@163.com
网　　址：www.forestry.gov.cn/lycb. html
印　　刷：河北京平诚乾印刷有限公司
版　　次：2023年8月第1版
印　　次：2023年8月第1次印刷
开　　本：787mm×1092mm　1/16
印　　张：15.75
字　　数：350千字
定　　价：68.00元

前言

江西环境工程职业学院是江西省政府主办、江西省林业局主管的全日制公办高职院校。学校创办于 1953 年，是江西省老牌职业院校，历经赣州林业学校、江西共大油山分校、江西省第一林校、江西省赣州林业学校几个阶段；2002 年 4 月，升格为高职院校并更名为江西环境工程职业学院，是江西省首批升格的高职院校；2011 年 12 月，升格为副厅级单位，是全省 9 所升格的院校之一。经过 70 年的办学积淀，学校现为江西省高水平职业院校、国家优质高职院校、国家“双高计划”院校，综合办学实力已跻身江西乃至全国同类高职院校前列。

学校校园面积 813 亩，为国家 AAA 级旅游景区。校园建设以“生态文明建设示范校”为目标，“国家生态文明教育基地”为载体，着力打造“人在林中，林在校中，校在画中”的森林校园。校园里现有植物上千种，其中红豆杉、银杏等珍稀树种百余种，绿化覆盖率达 70%。

环境塑造心灵，绿色孕育希望。学校自 1985 年迁至现址办学以来，高度重视校园园林化建设。秉承“树木与树人同步”的理念进行校园绿地系统规划，在植物选择上力求做到以乡土植物为主，引种驯化相结合；在植物配置上做到适地适树，绿化、香化、彩化、美化相结合。多年来，历届校友、社会人士和在校师生积极参与校园绿化建设，捐资赠树，栽种班级树、同学树、友情树蔚然成风。如今的校园，已经从始建时的不毛之地，变身为绿树葱茏、鸟语花香的绿色摇篮：拥有近 500 种树木的树木园、200 多种花卉的花圃，形成了桂花园、木兰园、樟园、栎园、百竹园、桃李园、聚榕园、生态苑等 10 余个专类园。

2013 年，在建校 60 周年庆典之际，学校组织编写并出版了《江西环境工程职业学院校园树木概览》，除了满足专业教学需求外，还丰富了校园文化生活，弘扬了生态文明理念，展现了校园建设成果，在为来访嘉宾和全校师生普及植物学知识、传播生态文化等方面取得了积极的效果，得到各界一致好评。

菊蕊飘香吐芬芳，秋意浓浓结硕果。2023年，学校迎来建校70周年庆典。为了进一步展现校园建设成就，满足国家高水平专业群——林业技术专业群中各专业公共课植物识别实践教学的需要，在学校党政领导的关怀下，编写组精心编写了本教材。

本教材是根据观赏植物的特点，依植物主要观赏部位干、果、花、形、叶等进行分类介绍，其中每类植物又以《中国植物志》的分类顺序依次编排。书中收集的观赏植物全部为校园栽培或野生的植物，除少部分一、二年生草本植物会到受季节影响外，均可在校园中找到。本教材中的观赏植物涵盖105科298属309种（或变种、栽培品种），每种植物附有科属及学名，分别从生物学特征、生态习性、分布、观赏价值及应用4个方面做简要介绍，并配有2～3幅图片（含校园实景图），便于读者进一步查阅、比对、识别。

本教材可以作为林业技术、园林技术、风景园林设计、园艺技术、花卉生产与花艺、森林和草原资源保护、森林生态旅游与康养、木业产品设计与制造等专业学生学习的补充教材或实习教材，也可作为相关专业学生或全校师生认识植物、弘扬生态文明等方面的参考书。

本教材由宋墩福、杨治国主编，负责内容体系设计、统稿和定稿。彭丽、刘郁林、刘艳秋、周志光、彭欢、王胜香、黄可、周嘉颖、王程旺等教师参加编写，并请肖忠优教授主审。

本教材编写过程参考和引用了大量文献资料和相关研究成果，在此一并表示衷心的感谢！

由于编写时间仓促，编者经验、水平有限，书中错漏之处在所难免，敬请各位读者批评指正。

编　者

2023年6月

目 录

○ 观形类

○ 观叶类

○ 地被类

○ 其 他

观干类

1 光皮梾木
Cornus wilsoniana Wangerin

别名：光皮树、狗骨木、花皮树、马林光
科属：山茱萸科山茱萸属

【生物学特征】落叶乔木，高达 18m。树皮灰绿色，片状剥落。小枝圆，深绿色，老时棕色，无毛。叶对生，椭圆形或卵状椭圆形，长 6 ～ 12cm，先端渐尖，基部楔形或宽楔形，上面疏被平伏柔毛，下面密被乳点及丁字毛；侧脉 3 ～ 4 对。圆锥状聚伞花序顶生，近塔形，花白色；萼齿宽三角形，条状披针形至披针形。果球形，紫黑至黑色，径 6 ～ 7mm。花期 5 月，果期 10 月。

【生态习性】喜光，耐寒。喜深厚、肥沃而湿润的土壤，在酸性土及石灰岩土中都能生长。

【分布】广泛分布于我国黄河以南地区，集中分布于长江流域至西南各地的石灰岩区，以江西、湖北等地最多。我校柚子园、生态苑、实验楼后面等处有大量栽培，生长旺盛。

【观赏价值及应用】枝叶茂密，树姿优美，树冠舒展，干直挺秀，树皮斑斓，浓荫，初夏满树银花。

2 榔榆
Ulmus parvifolia Jacq.

别名：小叶榆、秋榆
科属：榆科榆属

【生物学特征】落叶乔木。树干基部有时有板状根。树皮灰色或灰褐色，裂成不规则鳞状薄片剥落，露出红褐色内皮，近平滑，微凹凸不平。叶革质，椭圆形、卵形或倒卵形，边缘具单锯齿，上面光滑，无毛，下面幼时被毛。花秋季开放，常簇生于当年生枝的叶腋，花被裂至基部或近基部。翅果，翅较窄较厚，无毛。种子位于翅果的中部或稍上处。花果期 8 ～ 10 月。

【生态习性】喜光，适应性强，在含酸性土、中性土、钙质土的山坡、平原和溪边均生长良好。

【分布】分布于我国华北、华东、中南及贵州、四川、西藏等地。我校校园花圃中栽有一株，长势良好。

【观赏价值及应用】树皮斑驳雅致，小枝下垂，秋日叶色变红，是良好的观赏树种及工厂绿化、四旁绿化树种。萌芽力强，为制作盆景的好材料。

3 梧桐

Firmiana simplex (L.) W. Wight

别名：中国梧桐、青皮桐、青桐、桐麻

科属：锦葵科梧桐属

【生物学特征】落叶乔木。树皮青绿色，平滑。叶心形，掌状 3 ～ 5 裂，直径 15 ～ 30cm，裂片三角形，顶端渐尖，基部心形，两面均无毛或略被短柔毛，基生脉 7 条；叶柄与叶片等长。圆锥花序顶生，花淡黄绿色；萼片条形，向外卷曲，外面被淡黄色短柔毛，内面仅在基部被柔毛；花梗与花几等长；雄花的雌、雄蕊柄与萼等长，下半部较粗，无毛，花药 15 枚，不规则地聚集在雌、雄蕊柄的顶端，退化子房梨形且甚小；雌花的子房圆球形，被毛。蓇葖果膜质，有柄，5 裂，成熟前开裂成叶状，外面被短茸毛或几无毛。种子圆球形，黄褐色，表面有皱纹，直径约 7mm，形如豌豆。花期 6 月，果期 8 月。

【生态习性】喜温暖气候，不耐寒。适生于肥沃、湿润的砂质壤土，喜碱性。根肉质，不耐水渍，深根性，主根粗壮，萌芽力弱，一般不宜修剪。

【分布】分布于我国南北各省份。我校木兰园有两株野生。

【观赏价值及应用】作为优美的庭荫树和行道树，可孤植或丛植于庭前、宅后草坪或坡地。树干端直，干枝青翠，绿荫深浓，叶大而形美，秋季转为金黄色，端庄秀丽。

4 柠檬桉

Eucalyptus citriodora Hook. f.

别名：靓仔桉

科属：桃金娘科桉属

【生物学特征】常绿乔木。树皮平滑，银灰白色或红灰色，条片状脱落。小枝有时略带四棱或扁平。叶革质，互生，叶柄盾状着生，正常叶狭披针形或宽披针形，稍呈镰刀状，具有强烈柠檬香气。伞形花序，有花 3 ~ 5 朵，花色淡黄。蒴果卵状壶形，果喙薄，果鳞 3 ~ 4。花期 4 ~ 6 月，果期 10 ~ 12 月。

【生态习性】喜光。喜温暖气候，在气温 18℃以上的地区都能正常生长，在 0℃以下易受冻害。有较强的耐旱力。对土壤要求不严，喜湿润、深厚和疏松的酸性土，凡土层深厚、疏松、排水良好的红壤、砖红壤、红黄壤、黄壤和冲积土均生长良好。

【分布】原产于澳大利亚。我国引种已有近百年历史，华南及福建、浙江、云南、四川等地有栽培。我校木兰园后面有栽培。

【观赏价值及应用】树干洁净，树姿优美，适合公园、风景区、校园、高速公路等绿地孤植、丛植、群植观赏。

5 佛肚竹

Bambusa ventricosa McClure

别名：佛竹、罗汉竹、密节竹、大肚竹、葫芦竹

科属：禾本科簕竹属

【生物学特征】丛生竹。正常高 8 ～ 10m，直径 3 ～ 5cm；节间圆柱形，长 30 ～ 35cm，幼时无白蜡粉，光滑无毛，下部略微肿胀。畸形秆通常高 25 ～ 50cm，直径 1 ～ 2cm；节间短缩而其基部肿胀，呈瓶状，长 2 ～ 3cm。叶耳卵形或镰刀形。笋期夏、秋季。

【生态习性】喜温暖湿润环境，不耐寒，宜在肥沃、疏松、湿润、排水良好的砂质壤土中生长。

【分布】原产于我国广东，我国南方各地以及亚洲的马来西亚和美洲均有引种栽培。我校大门前有栽植，冬季有落叶现象。

【观赏价值及应用】秆短小、畸形，状如佛肚，缀以山石，观赏效果颇佳。适于庭院、公园、水滨等处种植，与假山、崖石等配置，更显优雅。宜露地栽植，亦宜盆栽供陈列。

6 毛竹

Phyllostachys edulis (Carriere) J. Houzeau

别名：楠竹、孟宗竹、江南竹、茅竹

科属：禾本科刚竹属

【生物学特征】单轴散生型，常绿乔木状。秆大型，高可达 20m 以上，粗达 18cm；老秆无毛，并由绿色渐变为绿黄色；壁厚约 1cm；秆环不明显。末级小枝 2 ～ 4 叶，叶互生，平行脉，叶片较小、较薄，披针形，下表面沿中脉基部有柔毛，叶耳不明显，叶舌隆起。花枝穗状，无叶耳，小穗仅有 1 朵小花，花丝长 4cm，柱头羽毛状。笋期 4 月。

【生态习性】喜温暖湿润，既要求有充裕的水湿条件，又不耐积水淹浸。在板岩、页岩、花岗岩、砂岩等母岩发育的中、厚层肥沃酸性红壤、黄红壤、黄壤中生长良好。

【分布】我国是毛竹的故乡，长江以南生长着世界上 85% 的毛竹。我校学生宿舍 20 栋前有栽培。

【观赏价值及应用】四季常青，竹秆挺拔秀伟，潇洒多姿，风韵卓雅，独有情趣。在营建风景林及园林点缀中十分重要。

绿皮黄筋竹

Phyllostachys sulphurea 'Houzeau' McClure

别名：黄金间碧玉竹、碧玉间黄金竹

科属：禾本科刚竹属

【生物学特征】合轴混生竹。秆高7～8m，径3～4cm，中部节间长20～30cm；新秆金黄色，节间具绿色纵条纹，无毛，微被白粉；老秆节下有白粉环，分枝以下秆环平，箨环隆起。每小枝2～6叶；有叶耳和长缝毛，宿存或部分脱落；叶带状披针形或披针形，长6～16cm，宽1～2.2cm，常有淡黄色纵条纹，下面近基部疏生毛。笋期4月下旬至5月上旬。

【生态习性】喜光，喜肥沃、排水良好的壤土或砂质壤土。

【分布】原产于中国、印度、马来半岛。我校大门前、学生宿舍13栋旁和文化中心旁等处有栽培。

【观赏价值及应用】色彩美丽，美化环境，常用于长廊绿化、广场绿化、园林点缀、隔音围墙、天井绿化等，植于庭园曲径、池畔、溪涧、山坡、石际、天井、景门，或室内盆栽观赏。

8 桂竹

Phyllostachys reticulata (Ruprecht) K. Koch

别名：月季竹、麦黄竹、斑竹、五月竹、小麦竹

科属：禾本科刚竹属

【生物学特征】散生竹。秆高达 20m，径 14 ～ 16cm，中部节间长 25 ～ 40cm；箨环无毛，新秆、老秆均深绿色（小秆绿色），无白粉，无毛，秆环微隆起。每小枝初 5 ～ 6 叶，后 2 ～ 3 叶；有叶耳和长缝毛，后渐脱落；叶带状披针形，长 7 ～ 15cm，宽 1.3 ～ 2.3cm，下面有白粉，粉绿色，近基部有毛。笋期 5 月下旬。

【生态习性】喜光，喜温暖湿润气候，稍耐寒，能耐 -18℃低温，喜山麓及平地的深厚肥沃土壤，不耐黏重土壤，耐盐碱，适应性强。

【分布】分布于我国黄河流域至长江以南海拔 700 ～ 1300m 处。我校大门至信息楼道路边大量栽植。

【观赏价值及应用】园林观赏，常用于长廊绿化、隔音围墙等。

9 紫竹

Phyllostachys nigra (Lodd.) Munro

别名：黑竹

科属：禾本科刚竹属

【生物学特征】常绿乔木状。幼秆绿色，1 年生以后的秆逐渐变为紫黑色；秆环与箨环均隆起，且秆环高于箨环或两环等高；箨鞘背面红褐色或带绿色；箨耳长圆形至镰形，紫黑色；箨舌拱形至尖拱形，紫色；箨片三角形至三角状披针形，绿色，脉为紫色。叶片质薄，长 7 ～ 10cm，宽约 1.2cm。花枝呈短穗状，长 3.5 ～ 5cm。笋期 4 月下旬。

【生态习性】喜光，喜温暖湿润气候，稍耐寒。

【分布】分布于我国黄河流域以南各地，北京亦有栽培。我校大门前、文化中心旁有栽植。

【观赏价值及应用】传统的观秆竹类，其秆紫黑色，柔和发亮，隐于绿叶之下，甚为绮丽。

紫竹

○ 观果类

南方红豆杉

Taxus wallichiana var. *mairei* (Lemee et H. Léveillé) L. K. Fu et Nan Li

别名：美丽红豆杉、血柏、红叶水杉、海罗松

科属：红豆杉科红豆杉属

【生物学特征】常绿乔木。叶螺旋状着生，排成2列，条形，微弯，近镰状，先端渐尖或微急尖，上面中脉隆起，下面有2条黄绿色气孔带，边缘通常不反曲，绿色边带较宽，中脉带上有排列均匀、较大的乳头点，或乳头点呈块片分布，或完全无乳头点。种子倒卵形或宽卵形，微扁，先端微有2纵脊，生于红色肉质的杯状假种皮中；种脐椭圆形或近圆形。花期2～4月，果期5～10月。

【生态习性】耐阴，喜温暖湿润气候，通常生长于山脚腹地较为潮湿处。适生于腐殖质丰富的酸性土壤中。耐干旱、瘠薄，不耐低洼积水。对气候适应力较强，适宜年平均气温11～16℃，极端低温可达−11℃。

【分布】分布于台湾、福建、浙江、安徽、江西、湖南、湖北、陕西南部、四川、云南、贵州、广西和广东。我国亚热带至暖温带特有树种之一，在阔叶林中常有分布。自然生长在海拔1500m以下的山谷、溪边、缓坡。我校广泛栽培。

【观赏价值及应用】枝叶浓郁，树形优美，果实成熟时红果满枝，惹人喜爱。适宜庭园一角孤植点缀，也可在建筑背阴面的门庭或路口对植，或在山坡、草坪边缘、池边、片林边缘丛植，还可在风景区作中、下层树种与各种针叶、阔叶树种配置。

11 火棘

Pyracantha fortuneana (Maxim.) Li

别名：救兵粮、救命粮、火把果、赤阳子

科属：蔷薇科火棘属

【生物学特征】常绿灌木。枝拱形下垂，侧枝短刺状，幼枝被锈色柔毛。叶倒卵形，长1.6～6cm。复伞房花序，有花10～22朵，白色，花瓣5。果近球形，径8～10mm，穗状，每穗有果10～20个，橘红色至深红色。花期3～5月，果期8～11月。

【生态习性】喜强光，耐贫瘠，抗干旱。要求土壤排水良好，山地、平地都能生长。

【分布】分布于我国黄河以南及广大西南地区。我校学生宿舍旁、一食堂旁等有栽培。

【观赏价值及应用】果实9月底开始变红，一直保持到春节，为春季观花、冬季观果植物。适宜中小盆栽培或在园林中丛植、在草地边缘孤植。

12 枇杷

Eriobotrya japonica (Thunb.) Lindl.

别名：金丸、芦枝

科属：蔷薇科枇杷属

【生物学特征】常绿小乔木。小枝密生锈色或灰棕色茸毛。叶片革质，披针形、长倒卵形或长椭圆形，顶端急尖或渐尖，基部楔形或渐狭成叶柄，边缘有疏锯齿，表面皱，背面及叶柄密生锈色茸毛。圆锥花序，花多而紧密，花序梗、花柄生锈色茸毛，花白色，芳香。梨果近球形或长圆形，黄色或橘黄色，外有锈色柔毛，后脱落。花期10～12月，果期翌年5～6月。

【生态习性】喜光，稍耐阴。喜温暖湿润气候及深厚、肥沃、排水良好的中性或微酸性土壤，不耐寒。深根性。

【分布】分布于陕西、甘肃、江苏、安徽、浙江、江西、福建、台湾、四川、贵州、云南等地。我校立雪亭前、生态苑等处有栽培。

【观赏价值及应用】四季常绿，树形优美，叶大荫浓，常绿、有光泽，冬日白花盛开，初夏黄果累累。

13 槐

Styphnolobium japonicum (L.) Schott

别名：槐树、细叶槐、金药树、豆槐、白槐、国槐

科属：豆科槐属

【生物学特征】落叶乔木。树皮灰黑色，粗糙纵裂。无顶芽，侧芽为叶柄下芽青紫色，被毛。1～2年生枝绿色，皮孔明显，淡黄色。一回羽状复叶，长15～25cm，叶轴有毛，基部膨大，小叶7～17片，卵状长圆形。圆锥花序顶生，萼钟状，有5小齿；花冠黄白色，旗瓣阔心形，有短爪，并有紫脉，翼瓣、龙骨瓣边缘稍带紫色。荚果肉质，念珠状，无毛，不裂。种子1～6颗，深棕色，肾形。花期6～8月，果期9～10月。

【生态习性】温带树种，喜光，稍耐阴。对土壤要求不严，适生于湿润、深厚、肥沃、排水良好的砂质壤土。

【分布】原产于我国，南北各地广泛栽培，在华北和黄土高原地区尤为多见。我校学生宿舍16栋至20栋区域绿地中有栽培。

【观赏价值及应用】枝叶茂密，绿荫如盖，为庭院常用的特色树种，配置于建筑四周及草坪上。在我国北方多作行道树。

14 喜树

Camptotheca acuminata Decne.

别名：旱莲、水栗、水桐树、天梓树

科属：蓝果树科喜树属

【生物学特征】落叶乔木。树皮淡灰色，幼时平滑。单叶互生，纸质，矩圆形或椭圆状矩圆形，先端渐尖，基部宽楔形，全缘或微呈波状。单性花，雌雄同株，多数排成球形头状花序，雌花顶生，雄花腋生，花瓣淡绿色。果窄矩圆形，成熟时为黄褐色，多数集合成球形。花期 4 ～ 5 月，果期 10 ～ 11 月。

【生态习性】喜光，不耐严寒、干燥。喜深厚、湿润而肥沃的土壤，深根性，萌芽力强。

【分布】主要分布于我国长江流域及南方各地。我校教师公寓西面、实验楼后等处有栽培。

【观赏价值及应用】树干通直，树冠圆满，枝条平向外展，树冠呈倒卵形，枝叶繁茂，姿态优美，为我国阔叶树中的珍品之一，具有很高的观赏价值。

15 杨梅

Morella rubra Lour.

别名：大杨梅、火梅木、火实

科属：杨梅科杨梅属

【生物学特征】常绿乔木。树皮灰色，小枝较粗壮，无毛，皮孔少且不显著。叶革质，楔状倒卵形至长楔状倒披针形，无毛，下面有金黄色腺体。雌雄异株；雄花序穗状，单独或数条丛生于叶腋，每苞片有 1 雄花；雌花序常单生于叶腋，有密接覆瓦状苞片，每苞片有 1 雌花，雌花有 4 小苞片。果球形，熟时深红色、紫红色、白色。花期 4 月，果期 6 ～ 7 月。

【生态习性】喜温暖湿润及多云雾气候，不耐强光，不耐寒。

【分布】分布于我国长江以南各地。我校环境楼前、学生宿舍 12 栋与 13 栋中间和生态苑有栽培，生长良好。

【观赏价值及应用】树冠圆球形，分枝紧凑，枝叶扶疏，夏季绿叶丛中红果累累，十分美观。

16 枫杨

Pterocarya stenoptera C. DC.

别名：水麻柳、蜈蚣柳

科属：胡桃科枫杨属

【生物学特征】落叶乔木。小枝灰色，有灰黄色皮孔，髓部薄片状；芽裸出，有柄。一回羽状复叶，叶轴有翅，小叶10～16片，无柄，长椭圆形至长椭圆状披针形，上面有细小疣状突起。雄柔荑花序单生于叶腋内，下垂；雌柔荑花序顶生，长俯垂。果序下垂，果实长椭圆形；果翅2片，矩圆形至条状矩圆形。花期4～5月，果期8～9月。

【生态习性】喜光，不耐庇荫，但耐水湿、耐寒、耐旱。

【分布】分布于陕西、河南及江南广大地区海拔1500m以下的溪涧、河滩，各地广泛栽作行道树。我校立雪湖边有野生分布。

【观赏价值及应用】树冠广展，枝叶茂密，生长快速，根系发达，为河床两岸低洼湿地的良好绿化树种，还可防止水土流失。既可以作为行道树，也可成片种植或孤植于草坪及坡地形成一定景观。

17 青钱柳
Cyclocarya paliurus (Batal.) Iljinsk.

别名：青钱李、山麻柳、大叶水化香

科属：胡桃科青钱柳属

【生物学特征】落叶乔木。树皮灰色。芽密被锈褐色腺体。奇数羽状复叶，具7～9片小叶；叶轴密被短毛，叶柄密被短柔毛或逐渐脱落而无毛；小叶纸质，长椭圆状卵形，基部歪斜，叶缘具锐锯齿。雄柔荑花序长7～18cm，雌柔荑花序单独顶生。果实扁球形，果实中部围有水平方向的革质圆盘状翅。花期4～5月，果期7～9月。

【生态习性】喜光，幼苗稍耐阴。喜风化岩湿润土质。耐旱，萌芽力强，生长中速。

【分布】分布于安徽、江苏、浙江、江西、福建、台湾、湖北、湖南、四川、贵州、广西、广东和云南东南部等地。我校生态苑有栽培。

【观赏价值及应用】树干通直高大，枝叶舒展。秋季果实金黄色，每串七八个果实，形似串串铜钱，迎风摇曳，妙趣横生，有很高的庭院观赏价值。

18 薜荔
Ficus pumila L.

别名：凉粉子、木莲、凉粉果

科属：桑科榕属

【生物学特征】常绿攀缘藤本。含乳汁。叶二型；营养枝节上生不定根，叶薄革质，卵状心形，长约2.5cm，先端渐尖，基部稍不对称，叶柄很短；果枝上无不定根，叶革质，卵状椭圆形，长5～10cm，先端尖或钝，基部圆或浅心形，全缘，上面无毛，下面被黄褐色柔毛，侧脉3～4对，在上面凹下，下面网脉蜂窝状，叶柄长0.5～1cm，托叶披针形，被黄褐色丝毛。隐花果单生于叶腋，梨形或倒卵形。花期

4～5月，果期10月。

【生态习性】喜阴。喜温暖湿润气候，有一定的耐寒性。耐旱，适生于富含腐殖质的酸性土壤。

【分布】分布于我国长江沿岸及以南地区。常攀缘在城墙石缝、古石桥、庭园围墙等。我校各处有野生。

【观赏价值及应用】四季常绿，观赏价值高。不定根发达，攀缘能力及适应性强，在园林绿化中用于垂直绿化、护坡、护堤。

19 猴欢喜

Sloanea sinensis (Hance) Hemsl.

别名：狗欢喜、猴板栗、破木、树猬

科属：杜英科猴欢喜属

【生物学特征】常绿乔木。树皮暗褐色，纵裂。叶坚纸质，互生，聚生于小枝上部，狭倒卵形或椭圆状倒卵形，顶端渐尖，基部钝，边缘中部以上有少数小齿或近全缘，无毛，侧脉5～6对，下面脉网明显。花数朵，生于小枝顶端或叶腋，绿白色，下垂；花梗有微柔毛。蒴果木质，卵球形，裂片5～6，刺毛密。种子椭圆形，有黄色假种皮。花期4～5月，果期9～10月。

【生态习性】偏喜光，喜温暖湿润气候，在深厚、肥沃、排水良好的酸性或偏酸性土壤中生长良好。

【分布】分布于广东、广西、贵州、湖南、江西、福建、台湾等地。我校培训楼前、运动场南侧等处有栽培。

【观赏价值及应用】树形美观，四季常青，红色蒴果外被长而密的紫红色刺毛，外形似板栗的具刺壳斗，颜色鲜艳，非常可爱，是优良的观赏树种。可以孤植、丛植、片植。

油茶

Camellia oleifera Abel.

别名：茶子树、茶油树、白花茶

科属：山茶科山茶属

【生物学特征】常绿灌木或小乔木。树皮淡黄色，不裂。叶革质，椭圆形。白色花顶生或腋生，单生或并生；花瓣 5 ～ 7，分离，倒卵形至披针形。蒴果木质，顶端有柔毛。种子背圆腹扁，或三角形。花期 10 月至翌年 2 月，果期翌年 9 ～ 10 月。

【生态习性】喜光。喜温暖，怕寒冷，要求年平均气温 16 ～ 18℃，花期平均气温为 12 ～ 13℃。喜湿润，对土壤要求不甚严格，一般适宜土层深厚的酸性土壤。

【分布】产于广东、香港、广西、湖南及江西。我校生态苑、木兰园后面等处有栽培及野生分布。

【观赏价值及应用】可在园林中丛植或作花篱，也可营建防火林带。

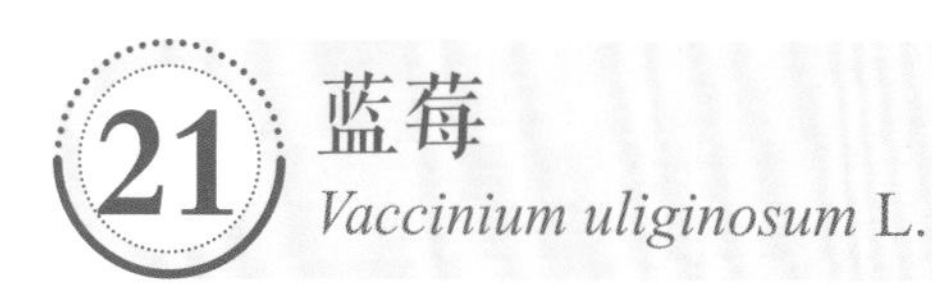

21 蓝莓

Vaccinium uliginosum L.

别名：蓝梅、笃斯、笃柿、嘟嗜、都柿、甸果、笃斯越橘

科属：杜鹃花科越橘属

【生物学特征】落叶或常绿矮小灌木。叶片革质，椭圆形或倒卵形，长 0.7 ～ 2cm，宽 0.4 ～ 0.8cm，顶端圆，有凸尖或微凹缺，基部宽楔形，边缘反卷，表面无毛，或沿中脉被微毛，背面微被柔毛，中脉、侧脉和网脉均纤细；叶柄短，被微毛。花序短，总状，萌发于上一年枝条顶端；花冠白色或淡红色，钟状。浆果球形，紫红色。花期 6 ～ 7 月，果期 8 ～ 9 月。

【生态习性】矮丛蓝莓和一些半高丛蓝莓适宜在温带寒冷地区种植；北高丛蓝莓和另一些半高丛蓝莓适宜在暖温带地区种植；兔眼蓝莓和南高丛蓝莓适宜在亚热带地区种植。每天光照时间不能低于 8h。喜凉爽，最低温度不能低于 -15℃。适合在年降水量 1000mm 左右的地区生长。喜肥沃及微量元素较多的泥土。

【分布】原产和主产于北美。多生于高山苔原带。我校花卉中心有栽培。

【观赏价值及应用】植株小，适用于庭院栽植。果实多而密集，蓝色，兼具食用和观赏价值。

22 铁冬青

Ilex rotunda Thunb.

别名：白沉香、龙胆仔、白银

科属：冬青科冬青属

【生物学特征】常绿灌木或乔木。高可达 20m，胸径达 1m，树皮灰色至灰黑色。小枝圆柱形，皮孔不明显，当年生幼枝具纵棱，无毛，稀被微柔毛。顶芽圆锥形，小。叶仅见于当年生枝上，叶片薄革质或纸质，卵形、倒卵形或椭圆形，先端短渐尖，基部楔形或钝，全缘，稍反卷；叶面绿色，背面淡绿色，两面无毛；主脉在叶面凹陷，背面隆起；侧脉 6 ～ 9 对，在两面明显，于近叶缘附近网结，网状脉不明显；叶柄长 8 ～ 18mm，无毛，稀被微柔毛，上面具狭沟，顶端具叶片下延的狭翅；托叶钻状

线形，早落。聚伞花序或伞形花序具（2）4～6（13）花，单生于当年生枝的叶腋内；雄花序总花梗长3～11mm，无毛，花白色。内果皮近木质。花期4月，果期8～12月。

【生态习性】耐阴，喜生于温暖湿润气候和疏松、肥沃、排水良好的酸性土壤中。适应性较强，耐瘠、耐旱、耐霜冻，具有向较高纬度的亚热带北缘和暖温带南缘引种的潜力。

【分布】分布于我国长江以南至台湾；日本、朝鲜、越南也有分布。我校文化中心南侧有栽培。

【观赏价值及应用】一种观叶、观花、观果的园林绿化树种，宜在公园、庭院、寺庙单植或群植。

23 大叶冬青 *Ilex latifolia* Thunb.

别名：见火青、苦丁茶
科属：冬青科冬青属

【生物学特征】常绿乔木。叶革质，长圆形或倒披针状椭圆形，先端短渐尖或钝，基部楔形，下延，具锯齿，上面中脉深凹，网脉微隆起。圆锥状聚伞花序簇生，总轴长1.5cm，花冠淡黄色。果序总状，总轴粗；果球形，红色；分核4，长圆形，具网状条纹、皱纹和沟。花期4月，果期9～10月。

【生态习性】适应性强，较耐寒、耐阴，萌蘖性强，生长较快。

【分布】分布于广东、广西、云南、湖北、江西、湖南等地。生于海拔250～1500m的山坡常绿阔叶林、灌丛或竹林中。我校教师公寓6栋西侧有栽培。

【观赏价值及应用】叶、花、果的颜色变化丰富。萌动的幼芽及新叶呈紫红色，正常生长的叶片为青绿色，老叶呈墨绿色。5月开黄色花。秋季，果实由黄色变为橘红色，挂果期长，十分美观，具有很高的观赏价值。

24 枸骨

Ilex cornuta Lindl. et Paxton

别名：鸟不宿、猫儿刺、老虎刺

科属：冬青科冬青属

【生物学特征】常绿小乔木或灌木。叶片厚革质，两型，四方状长圆形，每边具有 1 ～ 5 宽三角形刺状硬齿，先端有 3 枚尖硬刺齿，或长圆形、倒卵状长圆形，先端也具硬针刺，基部圆形或截形，全缘或波状，每边具 1 ～ 3（5）枚硬针刺，上面有光泽。花序簇生于叶腋，每枝具单花。核果球形，红色；分核 4，表面具皱洼，背部有 1 纵沟或部分有沟，内果皮骨质。花期 4 ～ 5 月，果期 9 月。

【生态习性】喜欢阳光充足、气候温暖及排水良好的酸性、肥沃土壤，耐寒性较差。生长缓慢，多施磷肥果密色鲜。

【分布】原产于我国长江中下游地区，后来传入欧洲。我校校园中有野生，校大门区域绿地有大量栽培。

【观赏价值及应用】枝繁叶茂，叶浓绿而有光泽，且叶形奇特。秋、冬红果满枝，浓艳夺目，是一种优良的观叶、观花盆景树种。可在庭院作绿篱栽培，也可盆栽陈设于厅堂，放在几架上。因有刺，勿让儿童触摸，以免受伤。

‘无刺’枸骨

Ilex cornuta ‘National’

别名：枸骨

科属：冬青科冬青属

【生物学特征】常绿灌木或小乔木。树冠圆整。花黄绿色。核果球形。花期4～5月，果期9月。

【生态习性】喜光，喜温暖、湿润气候和排水良好的酸性和微碱性土壤，有较强抗性，耐修剪。在 -10～-8℃气温下生长良好。

【分布】产于江苏、安徽、浙江、湖南、湖北等地。我校教师公寓附近有栽培。

【观赏价值及应用】枝繁叶茂，叶浓绿而有光泽，且叶形奇特。秋、冬红果满枝，浓艳夺目，是一种优良的观叶、观花盆景树种。

26 葡萄
Vitis vinifera L.

别名：全球红
科属：葡萄科葡萄属

【生物学特征】落叶木质藤本。树皮灰褐色，条状剥落。小枝有毛或无毛，卷须分枝。叶卵圆形，三裂至中部附近，基部心形，边缘有粗锯齿，三出脉明显。圆锥花序或与叶对生，杂性异株；花小，淡黄绿色。浆果椭圆状球形或球形，被白粉。花期 4 ～ 5 月，果期 7 ～ 8 月。

【生态习性】喜阳光，耐寒，喜干燥和通风的环境。喜生于疏松、肥沃的中性砂砾土壤，忌重黏土、盐碱土，忌积水。

【分布】原产于亚洲西部，欧洲最早种植葡萄的国家是希腊。我国辽宁中部以南各地均有栽培。我校教师公寓 3 栋前面有栽培。

【观赏价值及应用】翠叶满架，硕果晶莹，常用于棚架、门廊绿化，是观赏结合品果的优良藤本庭荫树种。

27 朱砂根

Ardisia crenata Sims

别名：铁凉伞、富贵籽

科属：报春花科紫金牛属

【生物学特征】常绿灌木。有匍匐根状茎。树干皮孔多且明显。叶互生，坚纸质，狭椭圆形、椭圆形或倒披针形，先端急尖或渐尖，边缘皱波状或波状，两面有凸起腺点。花伞形或聚伞状，顶生。果实圆球形，赤色，如大豆，经久不落。花期 2 ～ 4 月，果期 12 月。

【生态习性】喜生于高山阴湿地，忌阳光。喜欢湿润或半干燥的气候环境。

【分布】分布于我国东南部、中部和西部。我校生态苑中有野生，园林苗圃有盆栽。

【观赏价值及应用】株形秀丽，果实鲜红成串，挂果期长达 2 ～ 3 个月，且十分耐阴，是优良的耐阴观赏植物。

28 柿

Diospyros kaki Thunb.

别名：柿子、柿树

科属：柿科柿属

【生物学特征】落叶乔木。树皮鳞片状开裂。叶革质，互生，椭圆状卵形、矩圆状卵形或倒卵形，先端尖，基部圆形，背面淡绿色，有褐色柔毛。雌雄异株或两性共存而同株，花黄白色，雄花成短聚伞花序，雌花单生于叶腋，花萼4深裂。浆果卵圆形或扁球形，橙黄色或鲜黄色，花萼宿存。花期5～6月，果期9～10月。

【生态习性】抗旱、耐湿，结果早，产量高，寿命长。

【分布】分布于我国大部分地区。我校教师宿舍2栋前面、9栋后面等处有栽培。

【观赏价值及应用】重要观叶、观果树种。树冠扩展如伞，叶大荫浓。秋日叶色转红，丹实似火，至11月落叶后，果实还高挂树上，极为美观。可孤植、群植。

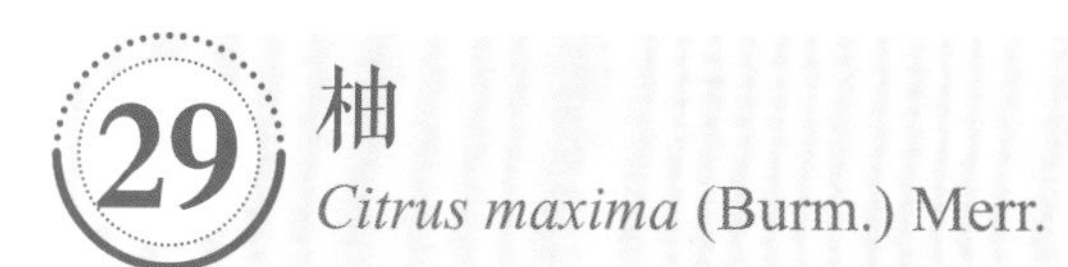

29 柚

Citrus maxima (Burm.) Merr.

别名：文旦、大麦柑、橙子、文旦柚
科属：芸香科柑橘属

【生物学特征】常绿乔木。嫩枝、叶背、花梗、花萼及子房均被柔毛。嫩叶通常暗紫红色，嫩枝扁且有棱。单身复叶，色浓绿，阔卵形或椭圆形，翼叶长 2 ～ 4cm，宽 0.5 ～ 3cm，个别品种的翼叶甚狭窄。总状花序，有时兼有腋生单花；花蕾淡紫红色，稀乳白色；花柱粗长，柱头较子房略大。果圆球形、扁圆形、梨形或阔圆锥状。花期 4 ～ 5 月，果期 9 ～ 12 月。

【生态习性】喜欢生长在温暖、潮湿的地方，每年雨季时栽培最适宜。

【分布】广东、广西、福建、江西、湖南、浙江、四川等地均有栽培。我校校园广场、运动场南侧、文旅楼后等多处有栽培。

【观赏价值及应用】四季常绿，春季花香四溢，秋季硕果累累。

30 金柑

Citrus japonica Thunb.

别名：金橘、牛奶橘、金枣、金柑
科属：芸香科柑橘属

【生物学特征】常绿灌木或小乔木。通常无刺，分枝多。叶片披针形至矩圆形，长 5 ～ 9cm，宽 2 ～ 3cm，全缘或具不明显的细锯齿，背面有散生腺点；叶柄有狭翅。单花或 2 ～ 3 花集生于叶腋；花两性，整齐，白色，芳香；萼片 5，花瓣 5，雌蕊生于略升起的花盘上。果矩圆形或卵形，金黄色，果皮有许多腺点，有香味。花期 4 ～ 5 月，果期 11 月至翌年 1 月。

【生态习性】喜阳光和温暖湿润的环境，不耐寒，稍耐阴，耐旱，要求排水良好、肥沃、疏松的微酸性砂质壤土。

【分布】原产于我国南部，目前我国主要有浙江宁波、福建尤溪、广西融安、江西遂川、湖南浏阳五大金柑产区。2010年我校从遂川县引进30株植于主楼东面和南面。

【观赏价值及应用】四季常青，枝叶繁茂，树形优美。夏季开花，花色玉白，香气远溢。秋、冬季果熟，或黄或红，点缀于绿叶之中，可谓碧叶金丸，观赏价值极高。

31 红果罗浮槭

Acer fabri var. *rubrocarpus* Metc

别名：罗浮槭、亮叶槭、蝴蝶槭

科属：无患子科槭属

【生物学特征】常绿乔木。老树皮淡褐色或暗灰色。幼枝紫绿色，老枝绿褐色或绿色。单叶对生，全缘，革质，披针形或矩圆状披针形，长7～11cm，宽2～3cm，顶端短锐尖，基部楔形；侧脉羽状4～5对，在两面微显著。花红色。花期4月，果期9月。

【生态习性】耐寒，耐阴，但在光照充足处结果多。

【分布】分布于广东、广西、江西、湖北、湖南、四川等地。我校学生宿舍13栋后面、17栋南面有栽培，生长良好。

【观赏价值及应用】优良绿化、美化树种，常作为第二层林冠配置，宜作风景林、生态林、四旁绿化树种。

32 野鸦椿

Euscaphis japonica (Thunb.) Dippel

别名：红椋、福建野鸦椿、圆齿野鸦椿

科属：省沽油科野鸦椿属

【生物学特征】落叶小乔木或灌木，高 2 ～ 8m。树皮灰褐色，具纵条纹。小枝及芽红紫色，枝叶揉碎后发出恶臭气味。叶对生，奇数羽状复叶，厚纸质，长卵形或椭圆形，稀为圆形，先端渐尖，基部钝圆，边缘具疏短锯齿，齿尖有腺体。圆锥花序顶生，花梗长达 21cm；花多，较密集，黄白色。蓇葖果长，每花发育为 1 ～ 3 个蓇葖果；果皮软革质，紫红色，有纵脉纹。种子近圆形，径约 5mm；假种皮肉质，黑色，有光泽。花期 5 ～ 6 月，果期 8 ～ 9 月。

【生态习性】幼苗耐阴，耐湿润。大树偏喜光，耐瘠薄、干燥，耐寒性较强。在土层深厚、疏松、湿润、排水良好且富含有机质的微酸性土壤中生长良好。

【分布】分布于我国淮河以南；日本、朝鲜半岛也有分布。多生长于山脚和山谷，常与小灌木混生，或散生，很少有成片的纯林。我校二食堂北侧、网球场边等处有栽培。

【观赏价值及应用】可观花、观叶、观果。春夏之际，花黄白色，集生于枝顶，满树银花，十分美观；秋天，果实布满枝头，果熟后果荚开裂，果皮反卷，露出鲜红色的内果皮，黑色的种子挂在内果皮上，犹如满树红花上点缀着颗颗黑珍珠，十分夺目。

33 木通

Akebia quinata (Thunb. ex Houtt.) Decne.

别名：野木通、拿藤

科属：木通科木通属

【生物学特征】落叶木质缠绕藤本。全株无毛，幼枝灰绿色，有纵纹。掌状复叶，小叶片5，倒卵形或椭圆形，先端圆或凹入，具小凸尖，基部圆形或楔形，全缘。短总状花序腋生，花单性，花被3片。果肉质，浆果状，长椭圆形，熟后紫色，柔软，沿腹缝线开裂。种子多数，长卵形而稍扁，黑色或黑褐色。花期4～5月，果期8月。

【生态习性】喜阴湿，较耐寒。在微酸、多腐殖质的黄壤中生长良好，也能适应中性土壤。茎蔓常匐地生长。

【分布】分布于我国长江以南广大地区。常生长在低海拔山坡林下草丛中。我校教师公寓、校大门两边等处有栽培，长势良好。

【观赏价值及应用】叶展似掌，着枝匀满，叶密集，绿叶期从3月中旬一直持续到翌年1月底。花未开放时，花序如一串串绿色的葡萄挂在藤间；花绽放后，花紫红色，玲珑可爱，花序如一串串紫色的风铃摇曳在翠叶中。

34 南天竹

Nandina domestica Thunb.

别名：南天竺

科属：小檗科南天竹属

【生物学特征】常绿灌木。直立，少分枝；老茎浅褐色，幼枝红色。叶互生，小叶对生，二至三回奇数羽状复叶，小叶椭圆状披针形。圆锥花序顶生，花小，白色。浆果球形，鲜红色，宿存至翌年 2 月。花期 5 ~ 6 月，果期 10 月至翌年 1 月。

【生态习性】喜半阴凉、潮湿、通风良好的环境。耐寒，耐干旱，耐轻盐碱和积水。喜排水良好、肥沃土壤，在石灰土壤中生长得更好。为钙质土壤指示植物。

【分布】分布于我国长江流域及陕西、河南、河北、山东等；日本、印度也有分布。多生于湿润的沟谷旁、疏林下或灌丛中。我校教学主楼、学生宿舍等处有栽培，长势良好。

【观赏价值及应用】优良的赏叶、观果植物，茎干丛生，枝叶扶疏，秋、冬叶色变红，红果经久不落。

35 珊瑚樱

Solanum pseudocapsicum L.

别名：红珊瑚、四季果、吉庆果、珊瑚子、玉珊瑚、野辣茄、野海椒

科属：茄科茄属

【生物学特征】常绿亚灌木。单叶互生。花白色，单生于叶腋，花小。浆果球形，果色随季节由绿变红，再变为橙黄色。花期初夏，果期秋末。

【生态习性】喜光，在温暖、半阴处也能生长，稍耐寒。

【分布】原产于南美洲，我国各地多有栽培。我校文旅楼后面有野生分布。

【观赏价值及应用】观果时间较长，常常是老果未落，新果又生，可长期观赏。可盆栽，其寓意为金玉满堂。

观花类

36 木莲

Manglietia fordiana Oliv.

别名：黄心树、木莲果、山白果
科属：木兰科木莲属

【生物学特征】常绿乔木。树干通直，树皮灰色、平滑。嫩枝及芽有红褐色短毛，后脱落无毛。叶革质，全缘，叶面绿色、有光泽，叶背灰绿色、有白粉；叶柄红褐色。花白色，单生于枝顶。聚合蓇葖果卵形，成熟后木质、紫色，表面有疣点。种子红色。花期 3 ~ 4 月，果期 9 ~ 10 月。

【生态习性】喜温暖湿润气候及深厚、肥沃的酸性土壤。有一定的耐寒性，不耐酷暑。

【分布】产于福建、广东、广西、贵州、云南。我校木兰园等处有栽培。

【观赏价值及应用】花大、芳香，果实鲜红，秀丽动人。于草坪、庭园或名胜古迹处孤植、群植。

37 荷花玉兰

Magnolia grandiflora L.

别名：广玉兰、大花玉兰、洋玉兰
科属：木兰科北美木兰属

【生物学特征】常绿大乔木。树皮淡褐色或灰色，呈薄鳞片状开裂。小枝、芽、叶下面、叶柄均密被褐色或灰褐色短茸毛。叶厚革质，无托叶痕。花白色。聚合果圆柱状长圆形或卵形，密被褐色或灰黄色茸毛，果先端具长喙。种子椭圆形或卵形。花期 5 ~ 6 月，果期 10 月。

【生态习性】喜温暖湿润气候，有一

定的抗寒能力。在肥沃、湿润与排水良好的微酸性或中性土壤生长良好。

【分布】原产于北美洲东南部，我国长江以南各地都有栽培。我校教师公寓附近、环境楼后面、文化活动中心、人工湖等处有栽培。

【观赏价值及应用】花大，白色，状如荷花，芳香，为美丽的庭园绿化观赏树种。可作园景树、行道树、庭荫树，宜孤植、丛植或成排种植。

38 玉兰

Yulania denudata (Desr.) D. L. Fu

别名：白玉兰、望春花、玉堂春、应春花

科属：木兰科玉兰属

【生物学特征】落叶乔木。树冠卵形或近球形。冬芽及花梗密被淡灰绿黄色长茸绢毛。叶纸质，叶面嫩时被柔毛，后仅中脉及侧脉留有柔毛，叶背沿脉被柔毛。花先于叶开放，单生于枝顶，白色，有时基部带红晕，花被片9。聚合蓇葖果圆柱形。花期3～4月，果期9～10月。

【生态习性】喜光，较耐寒，可露地越冬。

【分布】产于江西、浙江、河南、湖南、贵州等，全国各大城市广泛栽培。我校环境楼前有栽培。

【观赏价值及应用】早春白花满树，艳丽芳香，为驰名中外的庭园观赏树种。

39 紫玉兰

Yulania liliiflora (Desr.) D. L. Fu

别名：木笔、辛夷

科属：木兰科玉兰属

【生物学特征】落叶灌木，常丛生。树皮灰褐色，小枝绿紫色或淡褐紫色。叶椭圆状倒卵形或倒卵形，上面幼嫩时疏生短柔毛，下面沿脉有短柔毛；托叶痕约为叶柄长的1/2。花叶同时开放，花被片9～12，外轮3片萼片状，黄绿色，内两轮肉质，外面紫色或紫红色，内面带白色，花瓣状。成熟蓇葖果近圆球形，顶端具短喙。花期3～4月，果期8～9月。

【生态习性】喜温暖湿润和阳光充足环境，较耐寒，不耐旱和盐碱，怕水淹。

【分布】原产于福建、湖北、四川、云南西北部等地，全国各大城市都有栽培，并已引种至欧美。我校校医院后面有栽培。

【观赏价值及应用】花朵艳丽怡人，芳香淡雅，孤植或丛植都很美观，是优良的庭园、街道绿化植物。

二乔玉兰

Yulania × *soulangeana* (Soul.-Bod.) D. L. Fu

别名：二乔木兰

科属：木兰科玉兰属

【生物学特征】落叶乔木。树干灰白色，小枝紫褐色。叶倒卵形或宽倒卵形，下面具柔毛，先于花开放。花被片6～9，外轮3片常较短，约为内轮长的2/3。聚合果圆筒状，红色至淡红褐色，果成熟后裂开。种子具鲜红色肉质状外种皮。花期4月，果期9月。

【生态习性】喜阳光，喜温暖湿润气候。

【分布】广布于我国南北各地。我校木兰园、学生宿舍等处有栽培。

【观赏价值及应用】花大色艳，为著名观赏树木。广泛用于公园、庭园等孤植观赏。

41 白兰

Michelia × alba DC.

别名：缅桂、白兰花、白玉兰

科属：木兰科含笑属

【生物学特征】常绿乔木。树皮灰色，幼枝和芽密生淡黄色微柔毛。叶长椭圆形或椭圆状披针形，叶面均无毛或叶背脉上有疏毛，叶柄托叶痕长不及叶柄的1/2。花单生于叶腋，白色或略带黄色，花瓣肥厚，长披针形，有浓香。聚合果蓇葖疏散，蓇葖革质，鲜红色。花期4～10月。

【生态习性】喜温暖湿润气候，不耐寒。在疏松、肥沃、排水良好的微酸性砂质土壤中长势良好。

【分布】原产于印度尼西亚，我国江西、福建、广东、广西、云南等地均有栽培。我校教师公寓0栋、学生宿舍14栋等有栽培。

【观赏价值及应用】株形直立，有分枝，落落大方，是我国华南、西南各地及福建、赣南、湘南等地常用的园林树种。中小型植株可陈设于客厅、书房、会议室，因其惧怕烟熏，应放在空气流通处。

42 紫花含笑

Michelia crassipes Y. W. Law

别名：粗柄含笑
科属：木兰科含笑属

【生物学特征】常绿小乔木。芽、幼枝、叶柄、花梗均密被红褐或黄褐色长茸毛。花被片 6，2 轮，花极芳香，紫红或深紫色，雌蕊群不超过雄蕊群。聚合蓇葖果扁卵圆形或扁球形。花期 4 ～ 5 月，果期 8 ～ 9 月。

【生态习性】在雨量充沛、湿润环境中生长较好，在呈酸性的山地黄壤中生长期长。

【分布】产于广东北部、湖南南部、广西东北部。我校木兰园有分布。

【观赏价值及应用】花色艳丽，可植于林下、庭园或配置假山，用于配饰装点。

43 含笑花

Michelia figo (Lour.) Spreng.

别名：香蕉花、含笑
科属：木兰科含笑属

【生物学特征】常绿灌木或小乔木，高 2 ～ 5m。分枝紧密，小枝有锈色茸毛。叶倒卵状椭圆形，叶柄密被粗毛。花直立，单生于叶腋，淡黄色而瓣缘常晕紫，花被片 6。蓇葖果卵圆形，先端呈鸟嘴状，外有疣点。花期 3 ～ 4 月，9 月果熟。

【生态习性】喜温暖湿润，不甚耐寒，不耐烈日暴晒。

【分布】分布于我国华南各省份，长江流域各地均有栽培。我校环境楼前、体育场旁等处有栽培。

【观赏价值及应用】以盆栽为主，庭园造景次之。

44 乐昌含笑

Michelia chapensis Dandy

别名：广东含笑、景烈白兰、景烈含笑
科属：木兰科含笑属

【生物学特征】常绿乔木。树皮灰色至深褐色，小枝无毛或嫩时节上被灰色微柔毛。叶薄革质，叶缘波浪状，叶柄无托叶痕。花淡黄色，具芳香，花被片6。聚合果长圆形或卵圆形，顶端具短细弯尖头。种子红色。花期3～4月，8～9月果熟。

【生态习性】喜光，喜温暖湿润气候，也能耐寒。喜深厚、疏松、肥沃、排水良好的酸性至微碱性土壤。

【分布】分布于我国江西、湖南、广东、广西等；越南也有分布。我校环境楼后面、教师公寓等处有栽培。

【观赏价值及应用】花期长，花白色、多且芳香，可用于公园、庭园绿化。

45 醉香含笑

Michelia macclurei Dandy

别名：火力楠、展毛含笑
科属：木兰科含笑属

【生物学特征】常绿乔木。树皮灰褐色，光滑不裂。芽、幼枝、幼叶均密被红褐色平伏短茸毛。叶倒卵状椭圆形，叶柄上无托叶痕。花白色，花被片9～12，芳香。聚合蓇葖果长圆形或倒卵形。花期3～4月，果期9～11月。

【生态习性】喜光，稍耐阴。喜温暖湿润气候，忌干旱。喜土层深厚的酸性土壤。

【分布】分布于我国广东、广西北部及越南北部。我校行政楼、设计北楼、木兰园等处有栽培。

【观赏价值及应用】花香浓郁，是庭园绿化和行道树的优良树种。

深山含笑

Michelia maudiae Dunn

别名：光叶白兰花、莫夫人含笑花

科属：木兰科含笑属

【生物学特征】常绿乔木。全株无毛，芽、幼枝、叶背、花被均被白粉。叶革质，无托叶痕。花大，单生于枝梢叶腋；花被片9，白色，基部稍红色。聚合果矩圆形。种子红色。花期2～3月，果期9～10月。

【生态习性】喜温暖湿润环境，有一定耐寒能力。喜土层深厚、疏松、肥沃、湿润的酸性砂质土壤。

【分布】分布于浙江、湖南、江西、福建、广东北部、广西和贵州东部等地。我校生态苑、木兰园等处广泛栽培。

【观赏价值及应用】花大，白色，为观赏和绿化树种。

47 鹅掌楸

Liriodendron chinense (Hemsl.) Sarg.

别名：马褂木

科属：木兰科鹅掌楸属

【生物学特征】落叶乔木。小枝灰色或灰褐色。叶马褂形，常两侧中下部各具1较大裂片，先端具2浅裂；叶背苍白色，被乳头状白粉点。花单生于枝顶，花被片9，外轮3片萼状、绿色，内轮2片花瓣状、黄绿色，基部有黄色条纹，形似郁金香。聚合翅果，纺锤形。花期5～6月，果期9月。

【生态习性】喜光，喜温暖湿润气候。

【分布】分布于我国华东、华中等地。我校木兰园有栽培。

【观赏价值及应用】孑遗植物。其黄色花朵形似杯状的郁金香，故欧洲称其为“郁金香树”，具有独特的景观效果。叶形奇特，也作为观叶树种。

绣线菊

Spiraea salicifolia L.

别名：珍珠梅、柳叶绣线菊

科属：蔷薇科绣线菊属

【生物学特征】直立灌木，高达2m。嫩枝被柔毛，老时脱落。叶长圆状披针形或披针形，先端急尖或渐尖，基部楔形，密生锐锯齿或重锯齿，两面无毛；叶柄无毛。长圆形或金字塔形圆锥花序，被柔毛；苞片披针形至线状披针形，全缘或有少数锯齿，微被细短柔毛；萼筒钟状，萼片三角形；花瓣卵形，先端钝圆，粉红色。蓇葖果直立，无毛，沿腹缝有柔毛；宿存花柱顶生，倾斜开展；宿存萼片反折。花期

6～8月，果期8～9月。

【生态习性】喜光，也稍耐阴，喜温暖湿润的气候和深厚肥沃土壤。

【分布】产于我国黑龙江、吉林、辽宁、内蒙古、河北；蒙古、日本、朝鲜、俄罗斯西伯利亚及欧洲东南部也有分布。我校设计北楼前有栽培。

【观赏价值及应用】夏季盛开粉红色花朵，娇美艳丽，花期长，自初夏可至秋初，是理想的植篱材料和观花灌木。

49 石楠

Photinia serratifolia (Desf.) Kalkman

别名：千年红、扇骨木

科属：蔷薇科石楠属

【生物学特征】常绿灌木或小乔木。小枝褐灰色，无毛。叶革质，互生，叶缘疏生细腺齿，近基部全缘。复伞房花序顶生，总花梗和花梗无毛，花白色，萼筒杯状。梨果球形，红色，后成褐紫色。花期4～5月，果期10月。

【生态习性】喜光，也稍耐阴，喜温暖湿润气候，对土壤要求不严。

【分布】分布于我国安徽、甘肃、河南、江苏、陕西、浙江、江西、湖南、湖北、福建、台湾、广东、广西、四川、云南、贵州；日本、印度尼西亚也有分布。我校学生宿舍5栋前有栽培。

【观赏价值及应用】密生白色花，具观赏价值。

50 贴梗海棠

Chaenomeles speciosa (Sweet) Nakai

别名：皱皮木瓜

科属：蔷薇科木瓜海棠属

【生物学特征】落叶大灌木。具枝刺，小枝无毛，老时暗褐色。叶片卵形至椭圆形，边缘具尖锐细锯齿。花 2 ～ 6 朵簇生于 2 年生枝上，叶前或与叶同时开放；花瓣近圆形或倒卵形，具短爪，猩红色或淡红色，雄蕊 35 ～ 50 枚，花丝微带红色，花梗粗短，无毛。梨果球形至卵形，黄色或带红色。花期 4 月，果期 10 月。

【生态习性】适应性强，喜光，也耐半阴，耐寒，耐旱。对土壤要求不严，在肥沃、排水良好的土壤中可正常生长。

【分布】我国各地均有栽培；缅甸、日本、朝鲜也有分布。我校经南楼附近绿地有栽培。

【观赏价值及应用】花色大红、粉红、乳白且有重瓣及半重瓣品种，早春先花后叶，很美丽，可作观花树种。

51 垂丝海棠

Malus halliana Koehne

别名：垂枝海棠

科属：蔷薇科苹果属

【生物学特征】落叶小乔木。枝开张，小枝细弱，初有毛，不久脱落，紫色或紫褐色；冬芽卵形。叶缘有圆钝细锯齿，中脉有时具短柔毛，其余部分均无毛；上面深绿色，有光泽并常带紫晕。伞形花序，花 4 ～ 6 朵，簇生于枝端；花梗细弱下垂，鲜红色。花期 3 ～ 4 月，果期 9 ～ 10 月。

【生态习性】喜光，不耐阴。喜温暖湿润环境，不甚耐寒。

【分布】分布于江苏、浙江、安徽、陕西、四川、云南。我校经南楼、人工湖等处有栽培。

【观赏价值及应用】花粉红色，下垂，早春期间甚为美丽，各地常见栽培供观赏；也是制作盆景的优良材料。

52 西府海棠

Malus × micromalus Makino

别名：海红、子母海棠、小果海棠

科属：蔷薇科苹果属

【生物学特征】落叶乔木。小枝圆柱形，直立，幼时红褐色、被短柔毛，老时暗褐色、无毛。叶缘有紧贴的细锯齿。花序近伞形，具花 5 ～ 8 朵；花梗细，被稀疏柔毛；萼筒外面无毛或有密柔毛，萼裂片三角状卵形，白色，初开放时粉红色至红色。果实近球形，黄色，基部不下陷，萼片宿存；果梗细，先端稍肥厚。花期 4 ～ 5 月，果期 9 月。

【生态习性】喜光，耐寒，忌水涝，忌空气过湿，较耐干旱。对土质和水分要求不高，最适生于肥沃、疏松、排水良好的砂质壤土。

【分布】分布于云南、甘肃、陕西、山东、山西、河北、辽宁等地。我校设计北楼等处有栽培。

【观赏价值及应用】花朵密集，花色艳丽，为常见观赏树种。

53 月季

Rosa chinensis Jacq.

别名：月月红、月月花、月季花
科属：蔷薇科蔷薇属

【生物学特征】常绿或半常绿直立灌木。小枝绿色，散生钩状皮刺，少几乎无刺。一回奇数羽状复叶，小叶 3 ～ 5 片，叶缘有锐锯齿，两面无毛，光滑；托叶大部分与叶柄合生；叶柄和叶轴散生皮刺和短腺毛。花生于枝顶，常簇生，稀单生，花色甚多。果卵形或梨形，花萼宿存。花期 5 ～ 10 月。

【生态习性】喜温暖、湿润，忌炎热、严寒，适合生长发育的最佳温度为 15 ～ 25℃，耐旱。对土壤要求不严格。

【分布】原产于我国，各地普遍栽培，园艺品种众多。我校大门、教师公寓、行政楼等处有栽培。

【观赏价值及应用】花色丰富，花期长，为常见的观花植物。

54 郁李

Prunus japonica（Thunb.）Lois.

别名：秧李、菊李、棠棣、策李
科属：蔷薇科李属

【生物学特征】落叶灌木。株皮褐色，老枝有剥裂，嫩枝纤细而柔软。单叶互生，叶缘具锐重锯齿。花着生于叶两侧，1 ～ 3 朵簇生，花瓣白色或粉色，倒卵形。果近球形，熟时深红色。花期 3 ～ 4 月，果期 5 ～ 6 月。

【生态习性】喜阳光充足和温暖湿润的环境。树体健壮，适应性强，耐热，耐旱，耐潮湿和烟尘。也较耐寒，冬季 -15℃下可安全越冬。根系发达，对土壤要求不严，耐瘠薄，能在微碱性土中生长，尤其在石灰性土中生长最旺。

【分布】分布于我国华中、华北、华南地区；日本和朝鲜半岛也有分布。我校教师公寓南面绿地有栽培。

【观赏价值及应用】广泛用于园林绿化，还可盆栽于阳台，也可制作桩景、切花或瓶插供观赏。

55 日本晚樱

Prunus serrulata var. *lannesiana* (Carr.) Makino

别名：矮樱

科属：蔷薇科李属

【生物学特征】落叶乔木。树皮带银灰色。叶片椭圆状卵形、长椭圆形至倒卵形，边缘有长芒状锯齿，表面无毛，背面沿叶脉有短柔毛。花 3 ～ 6 朵，成伞房状总状花序，花梗短；花先于叶开放，初放时淡红色，后白色，直径 2 ～ 3cm；花柄长约 2cm，有短柔毛；萼筒管状，带紫红色，外有短柔毛，萼片边缘有细齿；花重瓣，花瓣顶端内凹；花柱近基部有柔毛。果近球形，熟时由红色变紫褐色。花期 3 ～ 5 月，果期 6 ～ 7 月。

【生态习性】喜光，喜温暖。对空气质量要求相对较高，对烟尘、二氧化硫等有毒有害气体的抗性较差。

【分布】原产于日本，世界多地均有栽培。我国北京、西安、青岛、南京、南昌等地有栽培。我校教学主楼前等处有栽培。

【观赏价值及应用】花枝繁茂，花开满树，花大艳丽，是著名的观赏植物。

钟花樱

Prunus campanulata (Maxim.) Yü et Li

别名：福建山樱花、钟花樱桃、山樱花、寒绯樱

科属：蔷薇科李属

【生物学特征】落叶乔木。树皮黑褐色。叶纸质，叶缘密生重锯齿，两面均无毛。伞形花序，先于叶开放，萼筒钟管形；花瓣5，紫红色，倒卵状长圆形。核果卵形，红色。花期2～4月，果期4～5月。

【生态习性】喜光，稍耐阴。不太耐寒。要求土层深厚、肥沃、排水良好的土壤。

【分布】浙江、福建、台湾、广东、广西有分布。我校生态苑等处有栽培。

【观赏价值及应用】早春着花，花色鲜艳亮丽，枝叶繁茂旺盛，是早春重要的观花树种。

57 梅

Prunus mume Sieb. et Zucc.

别名：春梅、干枝梅、红绿梅
科属：蔷薇科李属

【生物学特征】落叶乔木。常有枝刺，树皮灰褐色。小枝绿色，无毛。单叶互生，叶宽卵形或卵形，边缘有细锯齿，先端渐尖或尾尖，基部阔楔形，幼时或在沿叶脉处有短柔毛；叶柄近顶端有 2 腺体；具托叶，常早落。花单生或 2 朵并生，先于叶开放，近无梗或具短梗；花瓣白色、淡红或红色，雄蕊多数，花柱基部被柔毛。果近球形，有沟，密被短柔毛。花期 11 月至翌年 3 月，果期翌年 4 ～ 6 月。

【生态习性】喜光，喜温暖湿润气候，耐瘠薄。

【分布】我国各地均有栽培。我校大门、教师公寓等处有栽培。

【观赏价值及应用】花色、花型丰富，常用于园林、庭院观花。

58 桃

Prunus persica L.

别名：毛桃
科属：蔷薇科李属

【生物学特征】落叶小乔木。树冠开展，树皮暗红色。小枝红褐色或褐绿色。单叶互生，椭圆状披针形，先端长尖，边缘有锯齿；叶柄有腺体。花单生，先于叶开放，粉红色。果卵球形，表面有短柔毛；果肉多汁，离核或黏核；核具纵、横沟纹和孔穴。花期 3 ～ 4 月，果期 6 ～ 8 月。

【生态习性】喜光，适应性强，除极冷、极热地区外均能生长。

【分布】原产于我国，世界各地均有栽植。我校生态苑等处有野生。

【观赏价值及应用】桃花烂漫芳菲，妩媚可爱，为早春的佼佼者。

‘碧桃’

Prunus persica ‘Duplex’

别名：千叶桃花
科属：蔷薇科李属

【生物学特征】落叶小乔木。小枝红褐色，无毛。单叶互生，叶椭圆状披针形，先端渐尖。花单生或 2 朵生于叶腋，重瓣，粉红色，先花后叶，萼片密被茸毛。核果球形，果皮有短茸毛。花期 4 ～ 5 月，果期 6 ～ 8 月。

【生态习性】喜阳光，耐旱，不耐潮湿的环境。

【分布】原产于我国，分布在西北、华北、华东、西南等地。我校学生宿舍 18 栋后面等处有栽培。

【观赏价值及应用】花朵丰腴，色彩鲜艳，花色丰富，花型多，是著名的观花植物。

另有‘红叶碧桃’（*Prunus persica* ‘Atropurpurea’），树皮灰褐色，小枝红褐色；单叶互生，卵圆状披针形，幼叶鲜红色；先花后叶，花重瓣、桃红色；果球形，果皮有短茸毛，内有蜜汁。

60 蜡梅

Chimonanthus praecox (L.) Link

别名：腊梅、磬口蜡梅、黄梅花
科属：蜡梅科蜡梅属

【生物学特征】落叶灌木。单叶对生，纸质，叶缘具细齿，有光泽。两性花，单生于1年生枝叶腋，花梗极短；花被片15～21，黄色，有光泽，外花被片椭圆形，先端圆，内花被片小，有紫色条纹，带蜡质，具芳香。蒴果坛状，口部缢缩。花期12月至翌年3月，果期翌年6月。

【生态习性】喜光，耐干旱，忌水湿，喜深厚、排水良好的土壤。

【分布】原产于我国中部，现各地均有分布。我校主楼前、校医院前等处有栽培。

【观赏价值及应用】园林中常用花木，还常作盆景、切花材料等。

61 紫荆

Cercis chinensis Bunge

别名：满条红、裸枝树、百花紫荆
科属：豆科紫荆属

【生物学特征】落叶灌木或小乔木。叶互生，近圆形，顶端急尖，基部心形，两面无毛。花先于叶开放，4～10朵簇生于老枝上，花瓣玫瑰红色。荚果狭披针形，扁平。花期3～5月，果期8～10月。

【生态习性】喜阳光，耐暑热，喜肥沃、排水良好的土壤。

【分布】原产于我国，在湖北西部、辽宁南部、河北、陕西、河南、甘肃、广东、云南、四川等地都有分布。我校环境楼后有栽培。

【观赏价值及应用】南方景区的景点中常见的观赏性花卉。花簇生于枝头，形成很大的花丛，具有较好的观赏效果。宜栽于庭院、草坪及建筑前，用于小区绿化。

62 宫粉羊蹄甲

Bauhinia variegate L.

别名：红花紫荆、羊蹄甲、洋紫荆

科属：豆科羊蹄甲属

【生物学特征】半常绿乔木。树皮暗褐色，近平滑，小枝近无毛。叶先端2裂长达叶的1/3，掌状脉（9～）13。短总状花序，花少，花大；花萼佛焰苞状，全缘，被柔毛及黄色腺体；花瓣倒卵状长圆形，淡红或淡蓝带红色或暗紫色，杂以红色或黄色斑点；发育雄蕊5枚；子房具长柄，被毛。荚果条形，黑褐色，具喙，基部具柄。花期全年，3月最盛，果期5～6月。

【生态习性】喜阳光和温暖、潮湿环境，不耐寒。

【分布】分布于云南、广东、广西、福建、海南等地，赣南也有栽培。我校主楼前有栽培。

【观赏价值及应用】花期较长，生长较快，花朵馥郁芳香、美丽迷人，是很好的观花树种。

63 刺槐

Robinia pseudoacacia L.

别名：洋槐、伞形洋槐、槐花

科属：豆科刺槐属

【生物学特征】落叶乔木。树皮灰褐色至黑褐色，纵裂。小枝灰褐色，无毛或幼时具微柔毛。一回奇数羽状复叶，互生，具小叶 9 ～ 19 片，叶全缘；具有托叶刺。总状花序腋生，花冠白色，芳香，雄蕊 10 枚。荚果扁平，线状长圆形二瓣裂。花期 4 ～ 6 月，果期 8 ～ 9 月。

【生态习性】喜光、喜温，对土壤要求不严，抗旱能力强，不耐水湿。

【分布】20 世纪初引入我国，已遍及全国各地。我校学生宿舍 10 栋后坡上有栽培。

【观赏价值及应用】树冠高大，叶色鲜绿，开花季节绿白相映，非常素雅，花芳香宜人，是良好的观花树种。

64 紫藤

Wisteria sinensis (Sims) DC.

别名：紫藤萝、白花紫藤

科属：豆科紫藤属

【生物学特征】落叶藤本。小枝被柔毛；干皮深灰色，不裂。一回奇数羽状复叶，互生，有小叶 7 ～ 13 片，小托叶刺毛状。总状花序生于上一年短枝的叶腋或顶芽，呈下垂状，花紫色或深紫色。荚果线状倒披针形。花期 4 ～ 5 月，果期 9 ～ 10 月。

【生态习性】喜温暖湿润和阳光充足的环境。较耐寒，耐水湿和半阴，生长快，寿命长。土壤以土层深厚、排水良好的砂质壤土为宜。

【分布】黄河、长江流域及陕西、河南、广西、贵州、云南、北京有分布。我校教师公寓等处有栽培。

【观赏价值及应用】花朵呈穗状，花色为蓝色和紫色，为我国传统的藤本观赏植物，世界著名的荫棚花卉。

鸡冠刺桐
Erythrina crista-galli L.

别名：巴西刺桐、鸡冠豆
科属：豆科刺桐属

【生物学特征】半落叶小乔木。茎和叶柄具皮刺。三出复叶，革质，小叶长卵形，羽状侧脉；总叶柄有刺。总状花序腋生，花冠橙红色，花药黄色、裸露。荚果，种子间缢缩。花期 3 ～ 6 月，果期 9 ～ 10 月。

【生态习性】喜光，耐轻度荫蔽。喜高温，但具有较强的耐寒能力，适应性强。

【分布】原产于巴西、秘鲁、菲律宾及印度尼西亚，我国华南地区有栽培。我校主楼前广场、产教大楼前有栽培。

【观赏价值及应用】花色红艳，花形独特，花期长，季相变化特别丰富，具有极高的观赏价值，是十分优良的观赏树种。

66 胡枝子

Lespedeza bicolor Turcz.

别名：帚条、随军茶、二色胡枝子

科属：豆科胡枝子属

【生物学特征】落叶灌木，高达3m。多分枝，小枝黄色或暗褐色，有条棱，被疏短毛。芽卵形，具数枚黄褐色鳞片。三出复叶；托叶2片，线状披针形；小叶质薄，先端钝圆或微凹，全缘，上面绿色，无毛。总状花序腋生，比叶长，花萼5浅裂，裂片通常短于萼筒。荚果斜倒卵形，表面具网纹，密被短柔毛。花期7～9月，果期9～10月。

【生态习性】耐旱，耐瘠薄，耐酸，耐盐碱，耐刈割。

【分布】我国东北、华北、西北地区及湖北、浙江、江西、福建等地有分布。我校生态苑等山上有野生分布。

【观赏价值及应用】花朵繁茂艳丽，可作观花植物。

67 合欢

Albizia julibrissin Durazz.

别名：马缨花、绒花树

科属：豆科合欢属

【生物学特征】落叶乔木，高可达16m。树冠开展。小枝有棱角，嫩枝、花序和叶轴被茸毛或短柔毛。托叶线状披针形，较小叶小，早落；二回羽状复叶，总叶柄近基部及最顶一对羽片着生处各有1个腺体；羽片4～12对，栽培种有时达20对；小叶10～30对，线形至长圆形。头状花序于枝顶排成圆锥花序，花粉红色，花萼管状。荚果带状，长9～15cm，宽1.5～2.5cm，嫩荚有柔毛，老荚无毛。花期6～7月，果期8～10月。

【生态习性】本种生长迅速，耐砂质土及干燥气候。

【分布】非洲、中亚至东亚均有分布，北美有栽培。在我国产于东北至华南及西南各地。自然生长于山坡或人工栽培。我校一食堂后面有分布。

【观赏价值及应用】开花如绒簇，十分可爱，常作行道树。

68 ‘绣球’荚蒾

Viburnum keteleeri ‘Sterile’

别名：木荚蒾、绣球

科属：五福花科荚蒾属

【生物学特征】落叶灌木。枝条开展，冬芽裸露。叶对生，卵形或椭圆形，表面暗绿色，背面有星状短柔毛，叶缘有锯齿。大型聚伞花序呈球状，花径 18 ～ 20cm，全部为不孕花，花萼无毛，花冠辐射状、白色。果实红色而后变黑色，椭圆形；核扁，矩圆形至宽椭圆形，有 2 条浅背沟和 3 条浅腹沟。花期 4 月，果熟期 9 ～ 10 月。

【生态习性】喜阴湿，不耐寒，喜肥沃、湿润、排水良好的轻壤土。适应性较强。

【分布】我国南北各地都有栽植。我校教师公寓 5 栋前和生态科教馆前有栽培，30 年生树仍生长旺盛。

【观赏价值及应用】繁花聚簇成球状，犹似雪球压树，枝垂近地，颇有幽趣。宜孤植于草坪及空旷地段，如庭前、窗下，使其四面开展，展现树姿之美。作为配景，亦甚相宜。

香港四照花

Cornus hongkongensis Hemsley

别名：山荔枝、野荔枝

科属：山茱萸科山茱萸属

【生物学特征】常绿乔木。幼枝绿色，被褐色柔毛，后脱落。叶对生，厚革质，老叶下面稍被褐色细点；侧脉 3 ～ 4 对，向上渐内弯。总苞苞片宽椭圆形或倒卵状宽椭圆形，萼齿不明显或平截；头状花序近球形，具 4 片白色花瓣状总苞片。浆果球形，黄色或红色。花期 5 ～ 6 月，果期 11 ～ 12 月。

【生态习性】喜光，较耐寒、耐阴，喜温暖湿润环境。对土壤要求不严，喜湿润、排水良好的砂质土壤，在微酸性或中性肥沃土壤生长良好。

【分布】分布于江西、湖南、广东、广西等地。我校大门至百竹园路边、生态苑等处有栽培。

【观赏价值及应用】苞片洁白，果实红艳，是兼观花、观姿、观叶、观果的优良观赏植物。

70 珙桐

Davidia involucrata Baill.

别名：鸽子树、空桐、柩梨子

科属：蓝果树科珙桐属

【生物学特征】落叶大乔木。树皮呈不规则薄片脱落。单叶互生，集生于幼枝顶，叶纸质，宽卵形或近心形，边缘粗锯齿。花杂性，由多数雄花和一朵两性花组成顶生头状花序。果紫绿色。花期4～5月，果熟期10月。

【生态习性】喜气候温凉、湿润、多雨、多雾的山地环境。

【分布】主要分布于我国长江流域一带湿润亚热带山地，多呈零星和小块状分布。大多生长于沟谷两侧，山坡中、下部。我校2012年春从赣南树木园引入2株，栽植于校大门。

【观赏价值及应用】世界著名观赏树种，白色的大苞片似鸽子展翅，盛开时满树犹如群鸽栖立，展翅欲飞，甚为奇特美观。

71 使君子

Combretum indicum (L.) Jongkind

别名：留求子、史君子、五棱子、索子果、君子仁

科属：使君子科风车子属

【生物学特征】落叶攀缘灌木。叶对生，长椭圆形至椭圆状披针形，两面有黄褐色短茸毛；宿存叶柄基部呈刺状。穗状花序顶生，组成伞房花序式，萼筒细管状，长约6cm，先端5裂；花瓣长圆形或倒卵形，初白色，后变红色，有香气；花柱丝状。果实橄榄状，黑褐色。花期5～9月，果期6～10月。

【生态习性】喜温暖，怕霜冻，适生于向阳、避风、湿润及排水良好的环境。对土壤要求不严。直根性，不耐移植。

【分布】分布于我国湖南、江西、福建、台湾、广东、广西、云南及四川等地；马来西亚、菲律宾、印度及缅甸也有种植。我校校园花圃围墙边有栽培。

【观赏价值及应用】花朵美丽鲜艳，具清香。初开时近乎白色，渐渐变成粉色，再变为艳丽的红色。有时可以在同一株树上看见红、粉和白几种颜色的花朵，十分别致。攀缘性较强，可以制作绿篱和绿棚，还可以制作中型盆景，是园林中良好的观赏树种。

忍冬

Lonicera japonica Thunb.

别名：金银花、金银藤、通灵草

科属：忍冬科忍冬属

【生物学特征】半常绿藤本。幼枝暗红色。叶卵状长椭圆形，幼叶两面被毛。双花单生于叶腋，总花梗密被茸毛及腺毛；花冠白色，后变黄。果球形，蓝黑色。花期4～6月，果期10～11月。

【生态习性】适应性强，喜阳光且耐阴，耐寒性强，对土壤要求不严，萌芽性强。

【分布】除黑龙江、内蒙古、宁夏、青海、新疆、海南和西藏无自然分布外，我国各地均有分布。我校各处均有野生。

【观赏价值及应用】花色奇特，花形别致，色香兼具。可作棚架、篱垣、矮墙等的攀缘植物，也可作盆景树种。

73 南方六道木
Zabelia dielsii (Graebn.) Makino

别名：太白六道木
科属：忍冬科六道木属

【生物学特征】半落叶或常绿灌木。当年生小枝红褐色，老枝灰白色。叶对生，叶柄长 4 ～ 7mm，基部膨大，散生硬毛。花生于侧枝顶部叶腋，白色，总花梗长 1.2cm，花梗几无，苞片 3，具纤毛。种子柱状。花期 5 ～ 6 月，果熟期 8 ～ 9 月。

【生态习性】耐寒，较耐阴，喜温润、肥沃的森林土壤。

【分布】分布于江西、湖南、湖北、四川等地。我校教师公寓中心花坛有栽培，常年开花。

【观赏价值及应用】较珍贵的观赏性花灌木，从半落叶到常绿都有，可与其他植物配置，也可群植。开花时节满树白花，似玉雕冰琢，晶莹剔透。更为可贵的是，白花凋谢后，红色的花萼宿存至冬季，具有较高的观赏价值。

74 红花荷

Rhodoleia championii Hook. F.

别名：红苞木

科属：金缕梅科红花荷属

【生物学特征】常绿乔木。嫩枝颇粗壮，无毛，干后皱缩，暗褐色。叶厚革质，卵形，先端钝或略尖，基部阔楔形；有三出脉，侧脉 7 ～ 9 对，在两面均明显，网脉不显著。头状花序常弯垂，萼筒短，花瓣匙形、红色，雄蕊与花瓣等长，花丝无毛。果卵圆形，无宿存花柱，果皮薄木质，干后上半部 4 爿裂开。种子扁平，黄褐色。花期 3 ～ 4 月，果期 10 ～ 11 月。

【生态习性】中性偏喜光，幼树耐阴，成年后较喜光。要求年平均气温 19 ～ 22℃，耐绝对低温 -4.5℃。适于花岗岩、砂页岩发育成的酸性至微酸性红壤与红黄壤。

【分布】分布于我国广东中部及西部、赣南等地。我校控根苗基地有栽培。

【观赏价值及应用】枝、叶繁茂，树形美观，可用于庭园绿化或作行道树。

75 结香
Edgeworthia chrysantha Lindl.

别名：打结花、打结树、黄瑞香、家香、喜花、梦冬花

科属：瑞香科结香属

【生物学特征】落叶灌木。树皮棕褐色。小枝棕红色，具皮孔。单叶互生，簇生于枝顶，背面被白粉。头状花序，花黄色，芳香。花期 3 ～ 4 月，果期 8 月。

【生态习性】喜半阴，也耐日晒。喜温暖，耐寒性略差。根肉质，忌积水，宜生于排水良好的肥沃土壤。

【分布】产于河南、陕西及长江流域以南各地。我校教师公寓旁、信息楼等处有栽培。

【观赏价值及应用】花鲜黄，气味芳香。树冠球形，枝叶美丽。姿态优雅，柔枝可打结，十分惹人喜爱。宜植于庭前、路旁、水边、石间、墙隅。北方多盆栽观赏。

76 叶子花
Bougainvillea spectabilis Willd.

别名：九重葛、簕杜鹃、三角花、三角梅、叶子梅

科属：紫茉莉科叶子花属

【生物学特征】常绿藤状灌木。枝、叶密生柔毛。刺腋生，下弯。叶片椭圆形或卵形，基部圆形；有柄。花序腋生或顶生；苞片椭圆状卵形，基部圆形至心形，暗红色或淡紫红色；花被管狭筒形，绿色，密被柔毛，顶端 5 ～ 6 裂，裂片开展，黄色。果实长 1 ～ 1.5cm，密生毛。花期冬春间。

【生态习性】喜充足光照。喜温暖湿润气候，不耐寒，在 3℃以上可安全越冬，15℃以上方可开花。

【分布】原产于美洲，我国南方多有栽培。我校教师公寓等处有栽培，长势旺盛，新枝易受冻害。

【观赏价值及应用】苞片大，色彩鲜艳，有鲜红色、橙黄色、紫红色、乳白色等，且持续时间长，宜庭园种植或盆栽供观赏，还可作盆景、绿篱的材料。

77 木棉
Bombax ceiba L.

别名：枝花、红棉
科属：锦葵科木棉属

【生物学特征】落叶大乔木。树皮灰褐色，有粗壮圆锥状刺。掌状复叶，小叶5～7片，小叶有柄，无毛。花簇生于枝顶，先花后叶，红色或橙红色；花萼杯状，常5浅裂；雄蕊多数，合生成短管，排成3轮，最外轮的集生为5束。蒴果长椭圆形，木质，裂为5瓣，内面有白色棉毛。种子倒卵形。花期4月，果期11月。

【生态习性】喜温暖干燥和阳光充足环境。不耐寒，生长适温为20～30℃，冬季温度不能低于5℃。耐旱，稍耐湿，忌积水。以深厚、肥沃、排水良好的砂质壤土为宜。深根性，速生，萌芽力强。抗污染、抗风力强。

【分布】原产于南亚、东南亚至澳大利亚东北部。我国四川、云南、贵州南部，至广东、广西、福建南部、海南、台湾等均有栽培。我校2011年从广东引入栽植于木棉路。

【观赏价值及应用】树形高大雄伟，主干有突刺，树冠呈伞形，叶色青翠，春季红花盛开，是优良的行道树、庭荫树和风景树。

78 梵天花

Urena procumbens L.

别名：狗脚迹、野棉花、三角枫、三合枫

科属：锦葵科梵天花属

【生物学特征】落叶半灌木。树皮淡灰褐色。单叶互生，下部圆卵形，上部菱状卵形或卵形，多数 3 或 5 裂，深裂或浅裂到中部，两面密生星状短柔毛，背面淡灰绿色。花 1 ～ 2 朵，生于叶腋，淡红色，有短梗；花萼钟状，5 裂；花瓣倒卵形。果实扁球形，分果爿 5，有钩状刺毛，成熟时与中轴分离。花期 6 月，果期 10 月。

【生态习性】喜温暖湿润气候。可在空旷地和稍荫蔽的环境生长，在肥沃或贫瘠的土壤均可生长，但以土质疏松、肥沃的砂质壤土中栽培为宜。

【分布】分布于浙江、福建、台湾、广东、广西、湖南等地。我校木兰园后面、生态苑等处有野生分布。

【观赏价值及应用】植株茂盛，叶片大型，花朵艳丽，可以作地被植物供观赏。

79 朱槿

Hibiscus rosa-sinensis L.

别名：扶桑、大红花

科属：锦葵科木槿属

【生物学特征】落叶灌木。单叶互生，宽卵形或狭卵形，基出三脉，边缘有钝锯齿或牙齿。花单生于上部叶腋，下垂，近顶端有节；小苞片 6 ～ 7，条形，基部合生，萼钟状；花冠漏斗形，玫瑰红、淡红色或淡黄色。蒴果卵形，有喙。花期 6 月，果期 7 ～ 8 月。

【生态习性】不耐阴，宜在阳光充足、通风的场所生长。喜温暖湿润气候，不耐寒霜，冬季温度不得低于 5℃。

【分布】原产于非洲中部，我国华南地区有分布。我校学生宿舍 10 栋前有栽培，易受冻害。

【观赏价值及应用】花色鲜艳，花大形美，品种繁多，开花四季不绝，是著名的观赏花木。除用于盆栽观赏外，也常植于道路中央分车带。在庭园中，常植为绿篱或背景屏篱。为南宁、玉溪等市的市花。

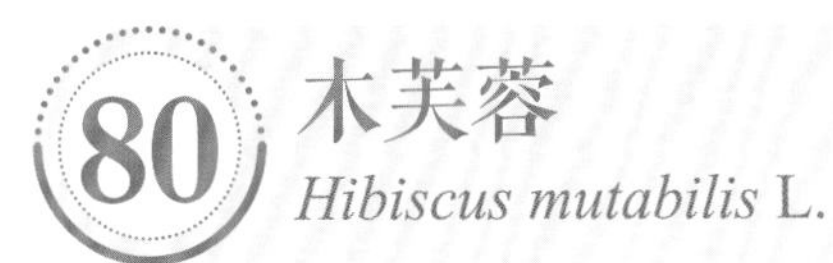

80 木芙蓉

Hibiscus mutabilis L.

别名：芙蓉花、拒霜花、木莲、地芙蓉、华木

科属：锦葵科木槿属

【生物学特征】落叶灌木或小乔木。树干多弯曲，树皮灰褐色，被星状柔毛。叶卵圆状心形，常 5 ～ 7 浅裂，裂片三角形，边缘钝齿，两面均有星状毛。花单生于枝顶叶腋，开于晚秋，晨开时为白色或淡红色，晚变深红色，分单瓣和重瓣两种，近顶端有节。蒴果扁球形，被黄色刚毛及绵毛，果瓣 5。种子多数，肾形。花期 7 ～ 8 月，果期 11 月。

【生态习性】喜光，稍耐阴。喜温暖湿润气候，不耐寒。喜肥沃、湿润、排水良好的砂质壤土。生长较快，萌蘖性强。

【分布】我国黄河流域至华南各地均有栽培，尤以四川、湖南为多。我校环境楼前、二食堂前等处有栽培。

【观赏价值及应用】一年四季各有风姿和妙趣。春季梢头嫩绿，一派生机盎然的景象；夏季绿叶成荫，带来清凉；秋季花团锦簇，形色兼备；冬季褪去树叶，尽显扶疏枝干，寂静中孕育新的生机。为成都市的市花。

81 木槿

Hibiscus syriacus L.

别名：猪膏花

科属：锦葵科木槿属

【生物学特征】落叶灌木。枝柔弱开张，树皮灰褐色，纵裂。叶菱状卵圆形或三角形，常3浅裂，基部楔形。花单生于叶腋，小苞片条形，花萼针状，花冠钟状，单瓣或重瓣。蒴果卵圆形，密生星状柔毛。花期6～9月，果期9～12月。

【生态习性】喜阳光，耐半阴。耐寒。对土壤要求不严，较耐瘠薄，忌干旱。

【分布】我国各地均有栽培。我校环境楼、教师公寓等处有栽培。

【观赏价值及应用】夏、秋季的重要观花灌木，南方多作花篱、绿篱。可用于公园绿化、庭院绿化、风景区绿化等，片植或孤植。也可与假山搭配，景致独特。

82 悬铃花

Malvaviscus arboreus Cav.

别名：小悬铃花、南美朱槿、灯笼扶桑、卷瓣朱槿

科属：锦葵科悬铃花属

【生物学特征】常绿灌木。叶卵形或卵状矩圆形，有时浅裂。花红色，常单生于上部叶腋处，下垂，花冠漏斗形，花柱略长于花冠。花期终年，花量多，几乎不结果。

【生态习性】喜高温、多湿和阳光充足环境，耐热、耐旱、耐瘠、耐湿，不耐寒霜，稍耐阴，忌涝。生长快速，耐修剪，抗烟尘和有害气体。

【分布】原产于墨西哥至秘鲁及巴西，世界各热带及亚热带地区（包括我国南部广大地区）均有分布。我校校医院前有栽培。

【观赏价值及应用】花朵鲜红，在热带地区全年开花不断，不但适用于庭园、道路绿化，也可以植为花境、花篱，剪扎造型或自然式种植，还可盆栽供观赏。

83 金铃花

Abutilon pictum (Gillies ex Hook.) Walp.

别名：灯笼花

科属：锦葵科苘麻属

【生物学特征】常绿灌木。叶掌状，3～5深裂。花腋生，单生，下垂，钟形，橘黄色，具紫色条纹，花梗长7～10cm，花萼钟形，花瓣5。花期5～10月，果未见。

【生态习性】喜温暖湿润气候，不耐寒，越冬最低温度为3～5℃。耐瘠薄，但以肥沃、湿润、排水良好的微酸性土壤为宜。

【分布】原产于南美洲。我校教工食堂前绿地有野生。

【观赏价值及应用】观赏价值高，可以用于布置花丛、花境，也可制作悬挂花篮等。在北方地区多盆栽。

84 油桐

Vernicia fordii (Hemsl.) Airy Shaw

别名：三年桐、光桐、虎子

科属：大戟科油桐属

【生物学特征】落叶乔木。叶互生，卵形或宽卵形，先端尖或渐尖，叶基心形，全缘或3浅裂。圆锥状聚伞花序顶生，花单性，先于叶开放，花瓣白色，有淡红色条纹。核果球形，先端短尖，表面光滑。种子具厚壳状种皮。花期4～5月，果期7～10月。

【生态习性】喜温暖，忌严寒。冬季温差18℃有利于生长发育，但长期处在-10℃以下会引起冻害。适生于缓坡及向阳谷地、盆地及河床两岸台地。富含腐殖质、土层深厚、排水良好、中性至微酸性的砂质壤土最适生长。

【分布】主要分布于四川、贵州、湖南、湖北等地。我校生态苑有栽培。

【观赏价值及应用】早春发芽，初夏白花如雪。一朵朵纯白洁净的小花挂满枝头，清风一过，雪白小花随风舞动，撒满树林。

85 浙江红山茶

Camellia chekiangoleosa Hu

别名：红花油茶、广宁红花油茶

科属：山茶科山茶属

【生物学特征】常绿灌木或小乔木。树皮淡灰黄色，不裂，不脱落。叶革质，互生，矩圆形或倒卵状椭圆形，顶端急尖或尾尖，基部阔楔形，边缘有疏锯齿，叶柄长。花红色，单生于枝顶，花瓣 5 ～ 7。蒴果木质。花期 4 月，果期 10 月。

【生态习性】喜弱光，幼时耐阴。对土壤的要求不高，一般肥力中等的酸性土壤可生长良好，较耐旱，可在荒山种植。

【分布】自然分布于我国华南地区。我校木兰园后面的山坡下、控根苗基地等处有栽培。

【观赏价值及应用】树形优美，叶色深绿，早春开花，红艳美观，宜在园林中栽培供观赏。

86 茶梅

Camellia sasanqua Thunb.

别名：茶梅花

科属：山茶科山茶属

【生物学特征】常绿灌木。树冠球形或扁圆形，树皮灰白色。叶互生，革质，椭圆形至长圆卵形，先端短尖，边缘有细锯齿，叶面具光泽，中脉上略有毛，侧脉不明显。花白色或红色，略芳香。蒴果球形，稍被毛。花期长，10 月下旬至翌年 4 月。

【生态习性】喜阴湿，以半阴半阳最为适宜。喜温暖湿润气候。适生于肥沃、疏松、排水良好的酸性土壤中。

【分布】分布于我国南方各省份，为亚热带适生树种。我校教学区、生活区等广泛栽培。

【观赏价值及应用】树形优美，花叶茂盛，可于庭院和草坪中孤植或对植；较低矮的茶梅可与其他灌木配置于花坛、花境，或作配景材料；其姿态丰盈，花朵瑰丽，着花量多，适宜修剪，亦可作基础种植及常绿篱垣材料；还可盆栽，摆放于书房、会场、厅堂、门边、窗台等处，倍添雅趣和异彩。

87 山茶

Camellia japonica L.

别名：曼陀罗树、薮春、山椿、耐冬、山茶

科属：山茶科山茶属

【生物学特征】常绿灌木或小乔木。树皮淡灰褐色。叶厚革质，光滑，倒卵形或椭圆形，顶部短钝渐尖，基部楔形，1/3以上有细锯齿。花单生于叶腋或枝顶，花瓣5～6，且多重瓣，顶端有凹缺。蒴果近球形。花期5月，果期10月。

【生态习性】喜半阴，忌烈日。喜温暖气候和肥沃、疏松的微酸性土壤。

【分布】四川、台湾、山东、江西等地有野生，全国各地都有栽培。我校教学区、生活区等广泛栽培。

【观赏价值及应用】在江南地区配置于疏林边缘，生长最好；植于假山旁可构成山石小景；亭台附近散植三五株，格外雅致；若辟以山茶园，花时艳丽如锦；庭院一角散植几株，自然潇洒，如与杜鹃花、玉兰配置，则花时红白相间，争奇斗艳。北方宜盆栽观赏，置于门厅、会议室、公共场所，也可植于家庭的阳台、窗前，尽显春意盎然。

88 杜鹃叶山茶

Camellia azalea C. F. Wei

别名：四季红山茶、杜鹃红山茶、假大头茶、张氏红山茶

科属：山茶科山茶属

【生物学特征】常绿灌木或小乔木，高1～5m。嫩枝红色，无毛，老枝灰色。叶片几乎是轮生在枝条上，厚革质，倒卵状长圆形，有时长圆形，上面干后深绿色，发亮，下面绿色，无毛；先端圆或钝，基部楔形。花深红色，单生于枝顶叶腋；苞片与萼片8～9，倒卵圆形，花瓣5～9，直径8～10cm。蒴果短纺锤形，果爿木质，

3 爿裂开，每室有种子 1 ～ 3 颗。花期全年，盛花期 6 ～ 10 月。

【生态习性】喜温暖湿润环境，抗逆性较强，可耐 38℃高温，耐寒能力强，能忍耐 -8℃的低温，在长江以北的部分地区能露天栽培。喜排水良好、疏松、肥沃的砂质壤土。

【分布】仅在广东省阳春市境内零星分布。我校玉瑶缘小游园有栽培。

【观赏价值及应用】国家一级重点保护野生植物，有“植物大熊猫”之称。可作园景树、花篱及盆景、切花材料，是一种值得大力推广的园林绿化植物。

89 石笔木

Tutcheria championi Nakai

别名：榻捷花、石胆

科属：山茶科石笔木属

【生物学特征】常绿小乔木。树皮灰褐色，不脱落。叶革质，互生，常短尾状，边缘有浅锯齿，基部全缘。花淡黄色，单花顶生；萼片 3 列，有金黄色柔毛，内列花瓣状；花瓣 5，顶端凹缺，雄蕊多数。蒴果球形，密生金黄色柔毛，室背 5 裂。花期 4 ～ 5 月，果期 10 ～ 12 月。

【生态习性】有较强的抗寒、抗旱、抗高温、抗病虫害能力，但耐涝能力较弱。喜生于酸性土壤。

【分布】分布于云南、四川、广西、湖南、广东、浙江和台湾等地。生于海拔 500m 的山谷、溪边或桑树林下。我校生态苑、学生宿舍前及教师公寓等处有栽培。

【观赏价值及应用】树冠椭圆形，多分枝，花色清丽，略有芳香，可于庭园中孤植或丛植供观赏。

90 木荷

Schima superba Gardn. et Champ.

别名：荷树、荷木

科属：山茶科木荷属

【生物学特征】常绿大乔木。树皮暗褐色，浅纵裂。叶革质，互生，卵状椭圆形至矩圆形，两面无毛，边缘有齿，顶端渐尖或钝尖，基部楔形，中脉干时呈紫红色。花白色，单独腋生或顶生成短总状花序，花瓣5。蒴果扁球形，5裂。种子扁，肾形，有翅。花期5月，果期10月。

【生态习性】喜温暖湿润气候，较耐寒，不耐干旱和土壤瘠薄。生于肥沃、排水良好的酸性土壤中。

【分布】分布于安徽、浙江、福建、江西、湖南、广东、台湾、贵州、四川等地。我校教学主楼前、生态苑等处有栽培及野生分布。

【观赏价值及应用】花开白色，因花似荷花，故而得名。树形美观，树姿优雅，枝繁叶茂，四季常绿，是道路、公园、庭院等绿化的优良树种。

锦绣杜鹃

Rhododendron × *pulchrum* Sweet

别名：毛娟、春娟、毛杜鹃

科属：杜鹃花科杜鹃花属

【生物学特征】常绿或半常绿灌木。树皮棕褐色。叶纸质，椭圆状卵形或倒卵形，表面浓绿色，疏生有毛，背面有硬毛。花 2 ～ 6 朵，丛生于枝顶，花萼 5 深裂，花冠蔷薇色、鲜红色或深红色，宽漏斗状。蒴果卵圆形。花期 4 ～ 6 月，果期 9 ～ 10 月。

【生态习性】喜凉爽、湿润、通风的半阴环境。既怕酷热，又怕严寒。喜酸性土壤。

【分布】江苏、浙江、江西、福建、湖北、湖南、广东和广西等地有栽培。我校各绿地中有栽培。

【观赏价值及应用】枝繁叶茂，花鲜艳夺目，耐修剪。最宜在林缘、溪边、池畔及岩石旁丛植，也可于疏林下散植，是花篱的良好材料。

皋月杜鹃

Rhododendron indicum (L.) Sweet

别名：紫鹃、夏鹃、西鹃

科属：杜鹃花科杜鹃花属

【生物学特征】常绿灌木。叶革质，常集生于枝端，卵形、椭圆状卵形或倒卵形至倒披针形，上面深绿色，疏被糙伏毛，下面淡白色，密被褐色糙伏毛；叶柄密被亮棕褐色扁平糙伏毛。花芽卵球形，鳞片外面中部以上被糙伏毛，边缘具睫毛。花簇生于枝顶；花萼5深裂，裂片三角状长卵形；花冠阔漏斗形，玫瑰色、鲜红色或暗红色；裂片5，倒卵形，上部裂片具深红色斑点；雄蕊10，长约与花冠相等，花丝线状，中部以下被微柔毛。蒴果卵球形，长达1cm，密被糙伏毛，花萼宿存。花期5～6月，果期9～10月。

【生态习性】耐寒、怕热，要求土壤肥沃、偏酸性、疏松透气。

【分布】原产于日本，我国广为栽培。生于海拔500～1200m的山地疏灌丛或松林下。我校校园花圃中有盆栽，环境楼前有栽培。

【观赏价值及应用】四季常绿，花有黄、红、白、紫等色。既可以盆栽，也可以在荫蔽条件下地栽。可群植于湿润且有庇荫的林下、岩际，或配置于树丛中、林下、溪边、池畔及草坪边缘；在建筑背阴面可作花篱、花丛。

93 杂种杜鹃

Rhododendron 'Hybrida'

别名：西洋杜鹃、比利时杜鹃
科属：杜鹃花科杜鹃花属

【生物学特征】常绿灌木。枝、叶表面疏生柔毛。叶互生，叶片卵圆形，全缘。总状花序，花顶生，花冠阔漏斗状。品种很多，花型大小不一，透亮艳丽，花色多变，具有同株异花、同花多色的特点；花瓣有单瓣、复瓣和重瓣，姿态各异，有狭长、圆阔、平直、波浪、皱边和卷边等；花色有大红、紫红、黑红、洋红、玫瑰红、橘红、桃红、肉红、白、绿以及红白相间的各种复色，绚丽多彩。四季有花，但多集中在冬、春两季。

【生态习性】虽为长日照植物，但其喜半阴，怕强光直射。喜温暖湿润、通风的环境。生长适温为 12 ～ 25℃。春、秋两季为生长旺盛期。要求土壤酸性、疏松、富含有机质、排水良好。

【分布】主产于比利时，在我国主要分布于上海、无锡、宜兴、杭州、丹东、青岛等地。我校大门、教师公寓等处有栽培。

【观赏价值及应用】株型矮壮，花型、花色变化大，色彩丰富，一年四季都可以开花，花期可以控制，是世界盆栽花卉生产的主要种类之一。

94 金丝桃

Hypericum monogynum L.

别名：金丝海棠、土连翘
科属：金丝桃科金丝桃属

【生物学特征】半常绿小灌木。树皮淡黄绿色。叶对生，具透明腺点，长椭圆形，顶端钝尖，基部渐狭而稍抱茎，上面绿色，下面粉绿色，全缘。花顶生，单生成聚伞花序，有披针形小苞片；萼片 5，卵状矩圆形，顶端微钝；花瓣 5，宽倒卵形，花色金黄。蒴果卵圆形，顶端花萼宿存。花期 6 月，果期 9 月。

【生态习性】喜光，略耐寒，喜湿润的河谷或半阴地砂质壤土。

【分布】产于我国中部及南部地区。我校教师公寓、教工食堂等处有栽培。

【观赏价值及应用】花叶秀丽，花冠如桃花，雄蕊金黄色，细长如金丝，绚丽可爱。叶片很美丽，在长江以南四季常青，是南方庭院中常见的观赏花木。植于庭院假山旁及路旁，或点缀草坪。在华北地区多盆栽供观赏，也可作切花材料。

95 垂枝红千层

Callistemon viminalis (Soland.) Cheel.

别名：串钱柳、澳洲红千层

科属：桃金娘科红千层属

【生物学特征】常绿灌木或小乔木。叶如披针，四季常青，嫩枝和叶片披白色柔毛。花稠密，红色，聚生于顶端。蒴果顶端开裂，半球形，直径达7mm。花期2～4月，果期8～12月。

【生态习性】耐烈日酷暑，不甚耐寒，不耐阴，耐旱，耐涝，耐瘠薄，耐修剪。

【分布】原产于澳大利亚。我校教师公寓、生态苑等处有栽培。

【观赏价值及应用】株形飒爽美观，花开珍奇美艳，花数多。每年春末至夏初，满枝吐焰，千百枝雄蕊组成一支支艳红的“瓶刷子”，甚为奇特。适合庭院美化，可作为孤赏树、行道树，还可用于建设防风林，或作切花、大型盆栽材料。

96 桃金娘

Rhodomyrtus tomentosa (Ait.) Hassk.

别名：桃娘、棯子、山棯

科属：桃金娘科桃金娘属

【生物学特征】常绿灌木，高 1 ~ 2m。幼枝常呈红色，密披柔毛。叶对生，革质，椭圆形或倒卵形，先端钝，基部楔形，表面深绿色，无毛，背面灰绿色，密披茸毛；叶柄短，4 ~ 6mm。聚伞花序腋生，花 1 ~ 3 朵，有红、粉红、白、玫瑰红色，状似梅花。浆果紫色，球形或卵形，布满枝头，直径可达 1.4cm，顶上有宿存的萼片，状似乳头，味甜可食。花期 5 ~ 7 月，果期 7 ~ 9 月。

【生态习性】喜欢湿润的气候，生长环境的空气相对湿度为 70% ~ 80%。喜欢高温环境，因此对冬季的温度要求很严，当环境温度在 10℃以下时即停止生长，在霜冻出现时不能安全越冬。

【分布】分布于我国南部各省份。我校教师宿舍 0 栋东侧、生态苑等处有栽培。

【观赏价值及应用】株形紧凑，四季常青。花先白后红，红白相映，十分艳丽，花期较长。果色鲜红转为酱红，观赏性佳。园林绿化中用其丛植、片植或孤植点缀绿地，可收到较好的效果。

石榴

Punica granatum L.

别名：安石榴、石榴花

科属：千屈菜科石榴属

【生物学特征】落叶小乔木。树皮灰褐色，小枝具四棱。叶对生或近簇生，矩圆形或倒卵形，先端尖，平滑无毛，表面有光泽。花一至数朵生于枝顶或腋生，花两性，有短梗；花萼钟形，红色，质厚；花瓣与萼片同数，互生。浆果近球形，深黄色，果皮厚，顶存宿萼。种子多数，有肉质外种皮。花期 5 ~ 6 月，果期 9 ~ 10 月。

【生态习性】喜光。有一定的耐寒能力，但在早春应该做好防寒工作。喜湿润、肥沃的石灰质土壤。

【分布】原产于伊朗、阿富汗等。我校既有花石榴，也有果石榴，在各绿地中广泛栽培。

【观赏价值及应用】树姿优美，枝叶秀丽。初春嫩叶抽绿，婀娜多姿；盛夏繁花似锦，色彩鲜艳；秋季累果悬挂。可孤植或丛植于庭院、游园之角，对植于门庭出入处，或列植于小道旁、溪旁、坡地、建筑旁，也宜做成各种桩景和供瓶插观赏。

98 复羽叶栾

Koelreuteria bipinnata Franch.

别名：黄山栾树、复羽叶栾树

科属：无患子科栾属

【生物学特征】落叶乔木。树形开展，树皮灰褐色，纵裂，不脱落，小枝棕红色。二回羽状复叶，小叶互生，厚纸质，顶端急尖，长椭圆状卵圆形，全缘，下面淡绿色，叶脉明显。圆锥花序顶生，各分枝和花梗有柔毛；花黄色，后变淡红色。蒴果椭圆形，顶端钝而有微尖。花期8～9月，果期11月。

【生态习性】喜光，也稍耐半阴。喜温暖湿润气候，耐寒，耐旱，耐瘠薄，并耐短期水涝。喜生长于石灰岩土壤，耐盐渍性土，深根性，生长中速，幼时较缓，以后渐快。对风、粉尘、二氧化硫、臭氧均有较强的抗性。

【分布】分布于浙江、安徽、江西、湖南、广西、广东等地。我校生态苑中有栽培。

【观赏价值及应用】树形端正，枝叶茂密而秀丽，春季嫩叶紫红，夏季开花满树金黄，入秋鲜红的蒴果又似一盏盏灯笼，是良好的三季可观赏的绿化、美化树种。

99 桂花

Osmanthus fragrans (Thunb.) Lour.

别名：岩桂、木樨

科属：木犀科木犀属

【生物学特征】常绿乔木或灌木，高3～5m，最高可达18m。树皮灰褐色，小枝黄褐色、无毛。叶片革质，椭圆形、长椭圆形或椭圆状披针形，长7～14.5cm，宽2.6～4.5cm，先端渐尖，基部渐狭成楔形或宽楔形，全缘或通常上半部具细锯齿，两面无毛，腺点在两面连成小水泡状突起；中脉在上面凹入，下面凸起，侧脉6～8对，多达10对，在上面凹入，下面凸起；叶柄无毛。聚伞花序簇生于叶腋，或近于帚状，每叶腋内有花多朵；花极芳香；花萼长约1mm，裂片稍不整齐；花冠黄白色、淡黄色、黄色或橘红色，型小。园艺变种繁多，最具代表性的有金桂、丹桂等。果歪斜，椭圆形，长1～1.5cm，呈紫黑色。花期9月至10月上旬，果期翌年3月。

【生态习性】较喜阳光，也耐阴。喜温暖，抗逆性强，既耐高温，也较耐寒。在我国秦岭、淮河以南的地区均可露地越冬。以土层深厚、疏松、肥沃、排水良好的微酸性砂质壤土最为适宜。对氯气、二氧化硫、氟化氢等有害气体有一定的抗性，还有较强的吸滞粉尘的能力，常被用于城市及工矿区的绿化。

【分布】分布于我国长江流域及以南地区，分金桂、银桂、丹桂和四季桂4个品种群。我校各绿地中有栽培，2011年我校在生态苑建立桂花园，占地近20亩*，目前已引入40多个品种。

【观赏价值及应用】树姿飘逸，碧枝绿叶，四季常青，飘香怡人，是非常优良的庭园绿化树种和行道树种。其香味清可绝尘，浓能远溢，堪称一绝。尤其是仲秋时节，丛桂怒放，夜静月圆之际，把酒赏桂，陈香扑鼻，令人神清气爽。

* 1亩≈667m^2。

100 野迎春

Jasminum mesnyi Hance

别名：云南黄素馨、云南迎春、金腰带、南迎春、云南黄馨

科属：木犀科素馨属

【生物学特征】常绿藤状灌木。小枝无毛，四方形，具浅棱。叶对生，小叶3片，长椭圆状披针形，顶端1片较大，基部渐狭成一短柄，侧生2片小而无柄。花单生，淡黄色。果椭圆形，两心皮基部愈合，径6～8mm。花期11月至翌年8月，果期3～5月。

【生态习性】喜温暖向阳，要求空气湿润，稍耐阴，畏严寒。喜排水良好、肥沃的酸性砂质壤土。

【分布】分布于云南、四川、贵州等地，全国各地有栽培。我校行政楼前等处有栽植。

【观赏价值及应用】枝条长而柔弱，下垂或攀缘，碧叶黄花，可于堤岸、台地和阶前边缘栽植，特别适用于宾馆、大厦顶棚布置，也可用于盆栽观赏。

101 茉莉花

Jasminum sambac (L.) Aiton

别名：茉莉、香魂、莫利花

科属：木犀科素馨属

【生物学特征】常绿小灌木或藤状灌木。枝条细长，小枝有棱角，初夏由叶腋抽出新梢。单叶对生，宽卵形或椭圆形。聚伞花序顶生或腋生，有花3～9朵，通常3～4朵，花冠白色，极芳香。果球形，径约1cm，呈紫黑色。花期5～8月，果期7～9月。

【生态习性】喜温暖湿润，在通风良好、半阴的环境生长最好，以含有大量腐殖质的微酸性砂质壤土为最适合。大多数品种畏寒、畏旱，不耐霜冻、湿涝和碱土。

【分布】原产于我国江南地区及西部地区，广泛栽植于亚热带地区。我校教师公寓绿地、校园花圃中有栽植，能露地越冬。

【观赏价值及应用】叶色翠绿，花色洁白，香味浓厚，是常见的庭园及室内盆栽芳香花卉，可植于庭院或花坛、草坪。在北方寒冷地区，宜盆栽于室内，满堂生香，极为怡人。

102 夹竹桃

Nerium oleander L.

别名：红花夹竹桃、欧洲夹竹桃

科属：夹竹桃科夹竹桃属

【生物学特征】常绿直立大灌木，高达6m。枝条灰绿色，嫩枝具棱，被微毛，老时毛脱落。叶3片轮生，稀对生，革质，窄椭圆状披针形，先端渐尖或尖，基部楔形或下延，横出平行脉。聚伞花序顶生，组成伞房状；花芳香，花冠漏斗状，裂片向右覆盖，紫红色、粉红色、橙红色、黄色或白色，单瓣或重瓣。蓇葖果。花期几乎全年，夏、秋为最盛；果期一般在冬、春季，栽培很少结果。

【生态习性】喜光，也能适应较阴的环境，但庇荫处栽植花少色淡。喜温暖湿润的气候，耐寒力不强，在长江流域以南地区可以露地栽植。不耐水湿，喜肥。萌蘖力强，树体受害后容易恢复。

【分布】欧洲、亚洲及北美洲热带、亚热带、温带地区广泛栽培或归化。我国各地有栽培，尤以南方为多。我校二食堂前、设计南楼后和经南楼均有栽植。

【观赏价值及应用】叶片如柳似竹，红花灼灼，胜似桃花，花冠粉红至深红或白色，有特殊香气，花期几乎全年，是有名的观赏花卉，常在公园、风景区、道路旁栽培。

103 栀子

Gardenia jasminoides Ellis

别名：野栀子、黄栀子、栀子花

科属：茜草科栀子属

【生物学特征】常绿灌木，高达 3m。叶对生或 3 片轮生，长圆状披针形、倒卵状长圆形、倒卵形或椭圆形，长 3 ～ 25cm，宽 1.5 ～ 8cm，先端渐尖或短尖，基部楔形，两面无毛，羽状脉。花芳香，单朵生于枝顶，萼筒宿存；花冠白或乳黄色，高脚碟状。果卵形、近球形、椭圆形或长圆形，黄色或橙红色。种子多数，近圆形。花期 3 ～ 7 月，果期 5 月至翌年 2 月。

【生态习性】喜阳光但又不能经受强烈阳光照射。喜温暖湿润气候。典型的酸性花卉，适宜生长在疏松、肥沃、排水良好的轻黏性酸性土壤中。抗有害气体能力强，萌芽力强，耐修剪。

【分布】产于山东、江苏、安徽、浙江、江西、福建、台湾、湖北、湖南、广东、香港、广西、海南、四川、贵州和云南，河北、陕西和甘肃有栽培。我校林业楼前绿地有栽植。

【观赏价值及应用】枝叶翠绿，花大而美丽、芳香，花色晶莹如玉，自古以来就深受人们的喜爱。花谢后枝头上留下一个个翠绿色倒卵形的有棱果实，宛如一只只小玉盏。

104 狭叶栀子

Gardenia stenophylla Merr.

别名：野白蝉

科属：茜草科栀子属

【生物学特征】常绿灌木。叶对生或 3 片轮生，薄革质，窄披针形或线状披针形，长 3 ～ 12cm，宽 0.4 ～ 2.3cm，先端渐尖，基部渐窄，常下延，两面无毛；羽状脉，侧脉 9 ～ 13 对。花单生于叶腋或枝顶，芳香。果长圆形，有纵棱，成熟时黄或橙红色。花期 4 ～ 8 月，果期 5 月至翌年 1 月。

【生态习性】耐半阴，不耐寒，怕积水，在东北、华北、西北只能作温室盆栽花卉。

【分布】分布于安徽、浙江、广东、广西、海南。长于山谷、溪边林中、灌丛或旷野河边，常见于岩石上。我校桃李路旁、经南楼附近有栽植。

【观赏价值及应用】枝叶繁茂，花朵数量繁多，香气浓郁，为庭院中优良的美化材料，还可供盆栽或制作盆景。

105 硬骨凌霄
Tecoma capensis Lindl.

别名：洋凌霄
科属：紫葳科黄钟花属

【生物学特征】常绿木质藤本，高1～2m。枝细长，绿褐色，常有小瘤状突起。叶对生，奇数羽状复叶，小叶7～9片，卵形至宽椭圆形，长1～2.5cm，基部楔形，多少偏斜，边缘有不规则而钝头的粗锯齿，两面无毛。花组成顶生总状花序，花冠橙红色至鲜红色，有深红色的纵纹，稍呈漏斗状，弯曲，长4～5cm，呈二唇形，上唇1裂片顶端2浅裂，下唇3裂片全缘。蒴果。花期春季，果期夏季。

【生态习性】喜阳光充足、温暖湿润的环境，对土壤要求不严。如果有条件，宜选用排水良好、疏松肥沃的壤土。

【分布】原产于南美洲等热带地区，我国南方地区有栽培。我校校园花圃中有栽植。

【观赏价值及应用】篱栅攀缘型植物。其叶片繁茂，花期甚长，用于美化假山、墙垣颇为适宜。也用于庭院绿化，或盆栽装饰阳台。

106 炮仗藤

Pyrostegia venusta (Ker-Gawl.) Miers

别名：黄鳝藤、鞭炮花、炮仗花
科属：紫葳科炮仗藤属

【生物学特征】常绿木质藤本。小枝顶端具3叉丝状卷须。叶对生，小叶2～3，卵形，先端渐尖，基部近圆，长4～10cm，两面无毛，下面疏生细小腺穴，全缘。圆锥花序生于侧枝顶端，长10～12cm；花萼钟状，小齿5；花冠筒状，内面中部有毛环，基部缢缩，橙红色，裂片5，长椭圆形。果瓣革质，舟状，种子多列。花果期1～6月。

【生态习性】喜向阳环境和肥沃、湿润、酸性的土壤。生长迅速，在华南地区能保持枝叶常青，可露地越冬。由于卷须多生于上部枝蔓茎节处，故全株得以固着在他物上生长。

【分布】原产于巴西，我国广东（广州）、海南、广西、福建、台湾、云南（昆明、西双版纳）等地均有栽培。我校校园花圃中有栽植。

【观赏价值及应用】多植于庭园建筑的四周，攀缘于凉棚上，初夏红橙色的花朵累累成串，状如鞭炮，故而得名。

107 马缨丹

Lantana camara L.

别名：七变花、臭草、五彩花、五色梅
科属：马鞭草科马缨丹属

【生物学特征】常绿灌木或蔓性灌木，高达2m。茎枝常被倒钩状皮刺。叶对生，卵形或卵状长圆形，长3～8.5cm，先端尖或渐尖，基部心形或楔形，具钝齿，上面具触纹及短柔毛，下面被硬毛；羽状脉，侧脉约5对。花序径1.5～2.5cm，花序梗粗，长于叶柄；苞片披针形；花萼管状，具短齿；花冠黄或橙黄色，花后深红色。果球形，成熟后紫黑色。全年开花，果期11～12月。

【生态习性】喜温暖、湿润、向阳之地，耐干旱，稍耐阴，不耐寒。对土质要求不严，以肥沃、疏松的砂质土壤为佳。生性强健，在热带地区全年可生长，冬季不休眠。

【分布】世界热带地区均有分布，我国台湾、福建、广东、广西有逸生。我校环境楼前、学生宿舍15栋、教师公寓6栋侧面有栽植。

【观赏价值及应用】叶花两用观赏植物，花期长，全年均能开花，最适期为春末至秋季。花虽较小，但多数积聚在一起，似彩色小绒球镶嵌或点缀在绿叶之中，且花色美丽多彩，每朵花从花蕾期到花谢期可变换多种颜色，故又有五色梅、七变花之称。

108 臭牡丹

Clerodendrum bungei Steud.

别名：臭八宝、臭梧桐、矮桐子、大红袍、臭枫根

科属：唇形科大青属

【生物学特征】灌木。小枝稍圆，皮孔显著。叶宽卵形或卵形，长 8 ~ 20cm，先端尖，基部宽楔形、平截或心形，具锯齿，两面疏被柔毛，下面疏被腺点，基部脉腋具盾状腺体；叶柄长 4 ~ 17cm，密被黄褐色柔毛。伞房状聚伞花序密集成头状；苞片披针形，长约 3cm；花萼长 2 ~ 6mm，被柔毛及腺体，裂片三角形，长 1 ~ 3mm；花冠淡红色或紫红色。核果近球形，蓝黑色。花果期 3 ~ 11 月。

【生态习性】适应性较强，既喜光，也耐阴。喜欢温暖湿润和阳光充足的环境，耐湿，耐旱，耐寒。不择土壤，但以肥沃、疏松的夹砂土栽培较好。

【分布】分布于我国华北、西北、西南以及江苏、安徽、浙江、江西、湖南、湖北、广西、福建；印度北部、越南、马来西亚也有分布。我校校园花圃中有栽植。

【观赏价值及应用】叶大色绿，花序稠密鲜艳，花期较长，适合在园林和庭院中种植，可作地被植物及绿篱，花枝可用来插花。

109 紫薇

Lagerstroemia indica L.

别名：千日红、无皮树、百日红、痒痒花、痒痒树

科属：千屈菜科紫薇属

【生物学特征】落叶灌木或小乔木，高达7m。树皮平滑，灰或灰褐色。小枝具4棱，略成翅状。叶互生或有时对生，椭圆形至倒卵形，基部宽楔形或近圆形，无毛或下面沿中脉有微柔毛；羽状脉，侧脉3～7对。花淡红色、紫色或白色，常组成顶生圆锥花序，花瓣6，皱缩，具长爪。蒴果椭圆状球形。花期6～9月，果期9～12月。

【生态习性】半阴生，喜肥沃、湿润的土壤，耐旱，钙质土或酸性土都生长良好。

【分布】原产于亚洲，广植于热带地区。我国广东、广西、湖南、福建、江西、浙江、江苏、湖北、河南、河北、山东、安徽、陕西、四川、云南、贵州及吉林均有生长或栽培。我校信息楼前和学生宿舍14栋、23栋有栽植。

【观赏价值及应用】花色鲜艳美丽，花期长，寿命长，树龄有达200年的，热带地区已广泛栽培为庭园观赏树，也可作盆景。

110 细叶萼距花

Cuphea hyssopifolia Kunth

别名：紫花满天星

科属：千屈菜科萼距花属

【生物学特征】常绿矮灌木，高达20～50cm。多分枝。叶小，对生或近对生，纸质，狭长圆形至披针形，顶端稍钝或略尖，基部钝，稍不等侧，全缘，羽状脉。花单朵腋外生，紫色或紫红色，花瓣6片。蒴果近长圆形。全年有花，较少结果。

【生态习性】喜光，也能耐半阴，在全日照、半日照条件下均能正常生长。

喜高温，不耐寒。喜排水良好的砂质土壤。

【分布】原产于墨西哥，热带地区广为种植。我校信息楼前、生态湖旁、行政楼前和新图书馆附近均有栽植。

【观赏价值及应用】叶色浓绿，四季常青，且具有一定的光泽；花细小，紫红而美丽，周年开花不断。华南地区常植为地被，也是优良的矮篱和基础种植材料，可植于花丛、花坛边缘、庭园石块旁，还常与乔木、灌木或其他花卉配置组成优美景观，或盆栽供观赏。

111 凤尾丝兰

Yucca gloriosa L.

别名：凤尾兰
科属：天门冬科丝兰属

【生物学特征】常绿灌木。茎短或高达5m，常分枝。叶线状披针形，长40～80cm，宽4～6cm，先端长渐尖，坚硬刺状，全缘，稀具分离的纤维。圆锥花序高1～1.5m，常无毛；花下垂，白色或淡黄白色，顶端常带紫红；花被片6，卵状菱形，长4～5.5cm，宽1.5～2cm；柱头3裂。果倒卵状长圆形。花期9～10月，少结果。

【生态习性】喜温暖湿润和阳光充足环境，耐寒，耐阴，耐旱并较耐湿，对土壤要求不严。

【分布】原产于北美东部和东南部，世界各地有引种栽培。我国长江流域各地普遍栽植。我校信息楼后有栽植。

【观赏价值及应用】常年浓绿，数株成丛，高低不一，开花时花茎高耸挺立，繁多的白花下垂，姿态优美，是良好的庭园观赏灌木，可布置在花坛中心、草坪、池畔、路旁和建筑前，也是良好的鲜切花材料。

孔雀草

Tagetes patula L.

别名：小万寿菊、臭菊花、缎子花

科属：菊科万寿菊属

【生物学特征】一年生草本，高 30 ～ 100cm。茎直立，通常近基部分枝，分枝斜开展。叶羽状分裂，长 2 ～ 9cm，宽 1.5 ～ 3cm，裂片线状披针形，边缘有锯齿，齿端常有长细芒，齿的基部通常有 1 个腺体。头状花序顶生，单瓣或重瓣，花色有红褐、黄褐、淡黄等。瘦果线形，基部缩小，黑色。花期 5 ～ 10 月，果期 7 ～ 11 月。

【生态习性】喜阳光充足、温暖，耐半阴，耐干旱，稍耐寒，对土壤要求不严，以肥沃、排水良好的砂质壤土为好，抗性强。

【分布】原产于墨西哥。我国各地庭园常有栽培，在云南中部及西北部、四川中部及西南部和贵州西部均已归化。我校行政楼前和生态湖附近有栽植。

【观赏价值及应用】常见的园林绿化花卉，花大，花期长，常用来点缀花坛、花丛、花境和培植花篱。

113 万寿菊

Tagetes erecta L.

别名：蜂窝菊、臭芙蓉

科属：菊科万寿菊属

【生物学特征】一年生草本，高 50 ~ 150cm。茎粗壮，绿色，常具紫色纵纹及凹槽。单叶对生，羽状全裂，裂片披针形，具锯齿，锯齿有芒，边缘有明显的油腺点，有强烈臭味。头状花序，舌状花黄色或暗橙色，长 2.9cm，舌片倒卵形；管状花花冠黄色，长约 9mm，顶端具 5 齿裂。瘦果线形，基部缩小，黑色或褐色。花期 6 ~ 10 月，果期 7 ~ 11 月。

【生态习性】喜阳光充足、温暖，耐半阴，耐干旱，稍耐寒。对土壤要求不严，以肥沃、排水良好的砂质壤土为好。抗性强。

【分布】原产于墨西哥及中美洲。我国各地均有栽培，在广东和云南南部、东南部以及河南的西南部（内乡县）已归化。我校新图书馆和校大门附近有栽植。

【观赏价值及应用】常见的园林绿化花卉，花大，花期长，常用来点缀花坛、花丛、花境和培植花篱。中、矮生品种适宜作花坛、花境、花丛材料，也可盆栽；植株较高的品种可作为背景材料或切花。

114 百日菊

Zinnia elegans Jacq.

别名：百日草、步登高、步步高、火球花

科属：菊科百日菊属

【生物学特征】一年生草本。茎粗壮直立，被短毛。叶对生，无柄或稍抱茎，广卵形至椭圆形，全缘，叶面粗糙，且有短毛，叶脉三出。头状花序单生；总苞片多层；舌状花多轮花瓣呈倒卵形，有深粉、橙、粉红、黄、白等色；管状花集中在花盘，中央黄橙色，边缘分裂。花期 6 ~ 9 月，果期 7 ~ 10 月。

【生态习性】喜温暖、向阳，耐干旱，怕酷暑。喜疏松、肥沃、排水良好的土壤。

【分布】原产于墨西哥，在我国各地广泛栽培。我校大门和学生宿舍 16 栋后面均有栽植。

【观赏价值及应用】花大色艳，开花早，花期长，株形美观，可按高矮分别用于花坛、花境、花带，也常用于盆栽。

115 向日葵

Helianthus annuus L.

别名：葵花、向阳花、望日葵、朝阳花、转日莲

科属：菊科向日葵属

【生物学特征】一年生高大草本。茎粗壮直立，高 1 ～ 3m，被白色粗硬毛，不分枝或有时上部分枝。叶互生，心状卵圆形或卵圆形，顶端急尖或渐尖，有 3 基出脉，边缘有粗锯齿，两面被短糙毛，有长柄。头状花序极大，径 10 ～ 30cm，单生于茎端或枝端，常下倾；总苞片多层，叶质，覆瓦状排列，卵形至卵状披针形，顶端尾状渐尖，被长硬毛或纤毛；舌状花多数，黄色，舌片开展，长圆状卵形或长圆形，不结实；管状花极多数，棕色或紫色，有披针形裂片，结实。瘦果倒卵形或卵状长圆形，稍扁压，有细肋。花期 7 ～ 9 月，果期 8 ～ 9 月。

【生态习性】在阳光充足、潮湿或受干扰的地区生长最好。耐受高温和低温，但更耐低温，最适温度范围在 21 ～ 26℃。对土壤要求较低，在各类土壤上均能生长。

【分布】原产于南美洲，驯化种于 1510 年从北美洲被带到欧洲，最初为观赏用。19 世纪末，又从俄国被引回北美洲。世界各国均有栽培。我校行政楼前、新图书馆后空地有种植。

【观赏价值及应用】花盘形似太阳，花色亮丽，纯朴自然，充满生机。一般成片种植，开花时金黄耀眼，极为壮观，深受人们喜爱。

116 金盏花

Calendula officinalis L.

别名：金盏菊、盏盏菊

科属：菊科金盏花属

【生物学特征】一年生草本。茎常自基部分枝，多少被腺状柔毛。基生叶长圆状倒卵形或匙形，长 15 ～ 20cm，全缘或具疏细齿，具柄；茎生叶长圆状披针形或长圆状倒卵形，长 5 ～ 15cm，先端钝，稀尖，边缘波状，具不明显细齿，基部多少抱茎，无柄。头状花序单生于茎枝顶端，总苞片 1 ～ 2 层，外层稍长于内层，披针形或长圆状披针形，先端渐尖，小花黄色或橙黄色，管状花檐部具三角状披针形裂片。瘦果全部弯曲，淡黄色或淡褐色。花期 4 ～ 9 月，果期 6 ～ 10 月。

【生态习性】喜温和、凉爽的气候，耐寒，怕热。要求光照充足或轻微荫蔽。喜疏松、排水良好、肥沃适度的土壤，有一定的耐旱力。

【分布】原产于欧洲南部及地中海沿岸，在我国广泛栽培。我校园林大棚有栽植。

【观赏价值及应用】花色鲜艳，是早春园林和城市中常见的草本花卉之一。

117 菊花

Chrysanthemum × *morifolium* (Ramat.) Hemsl.

别名：小白菊、小汤黄、杭白菊、滁菊、绿牡丹

科属：菊科菊属

【生物学特征】多年生草本，高 60 ～ 150cm。茎直立，分枝或不分枝，被柔毛。叶互生，有短柄，叶片卵形至披针形，羽状浅裂或半裂，基部楔形，下面被白色短柔毛，边缘有粗大锯齿或深裂。头状花序单生或数个集生于茎枝顶端，花色有红、黄、白、橙、紫、粉红、暗红等各色。花期 9 ～ 11 月，雄蕊、雌蕊和果实多不发育。

【生态习性】喜阳光，忌荫蔽。喜温暖湿润气候，但也能耐寒，严冬季节根茎能在地下越冬。较耐旱，怕涝。

【分布】遍布全国各地，尤以北京、南京、上海、杭州、青岛、天津、开封、武汉、成都、长沙、湘潭、西安、沈阳、广州、中山市小榄镇等为盛。我校大门和校园花圃中有栽植。

【观赏价值及应用】生长旺盛，萌发力强，一株经多次摘心可以分生出上千个花蕾。有些品种的枝条柔软且多，便于制作各种造型，组成菊塔、菊桥、菊篱、菊亭、菊门、菊球等形式精美的造型。还可培植成大立菊、悬崖菊等，形式多变，蔚为奇观。

118 大花金鸡菊

Coreopsis grandiflora Hogg.

别名：剑叶波斯菊、狭叶金鸡菊

科属：菊科金鸡菊属

【生物学特征】多年生草本，开花期株高连花茎达 80 ～ 130cm。茎直立，全株疏生白色柔毛，上部有分枝。叶多簇生于基部，匙形或披针形，全缘或 3 深裂。长梗头状花序，舌状花黄色，花分单瓣和重瓣。花期 7 ～ 10 月，果期 6 ～ 10 月。

【生态习性】耐旱，耐寒，也耐热，不耐涝。对土壤要求不严，喜肥沃、湿润、排水良好的砂质壤土。病虫害少，适应性强。

【分布】原产于美国，现广泛栽培，有时逸为野生。我校生态湖周围有栽植。

【观赏价值及应用】花色亮黄，花叶疏散，轻盈雅致，可用于布置花坛、花境和坡边绿化，也可作切花，还可用作地被。

119 剑叶金鸡菊

Coreopsis lanceolata L.

别名：剑叶波斯菊、狭叶金鸡菊

科属：菊科金鸡菊属

【生物学特征】多年生草本，高 30 ～ 70cm，有纺锤状根。茎直立，无毛或基部被软毛，上部有分枝。叶较少数，在茎基部成对簇生，有长柄，叶片匙形或线状倒披针形，基部楔形，顶端钝或圆形，全缘或三深裂，裂片长圆形或线状披针形，顶裂片较大，基部窄，顶端钝，叶柄基部膨大，有缘毛；上部叶无柄，线形或线状披针形。头状花序在茎端单生，总苞片内、外层近等长，披针形，顶端尖；舌状花黄色，舌片倒卵形或楔形；管状花狭钟形。瘦果圆形或椭圆形，边缘有宽翅，顶端有 2 短鳞片。花期 5 ～ 9 月，果期 6 ～ 11 月。

【生态习性】喜阳光充足的环境，也耐半阴。耐寒，也耐热。耐旱，怕涝。对土壤要求不严，喜欢排水良好的砂质壤土。对二氧化硫有较强的抗性。

【分布】原产于北美洲，我国各地庭院常有栽培。我校立雪湖周围有栽植。

【观赏价值及应用】常用于坡地、庭院、街心花园的美化设计，也可作切花或地被材料，还可用于高速公路绿化，有固土护坡的作用。

120 两色金鸡菊

Coreopsis tinctoria Nutt.

别名：剑叶波斯菊、狭叶金鸡菊

科属：菊科金鸡菊属

【生物学特征】一年生草本，高 30 ～ 100cm。茎直立，无毛，上部有分枝。叶对生，下部及中部叶有长柄，二次羽状全裂，裂片线形或线状披针形，全缘；上部叶无柄或下延成翅状柄，线形。头状花序多数，有细长花序梗，排列成伞房或疏圆锥花序状；总苞片半球形，顶端尖；舌状花黄色，舌片倒卵形；管状花红褐色，狭钟形。瘦果长圆形或纺锤形，两面光滑或有瘤状突起，顶端有 2 细芒。花期 5 ～ 9 月，果期 8 ～ 10 月。

【生态习性】喜阳光充足，喜温暖，耐寒力强，凉爽季节生长较佳。耐干旱，耐瘠薄，在肥沃土壤中栽培易徒长倒伏。

【分布】原产于北美洲，我国各地常见栽培。我校桂花园、生态湖周边、中草药园等绿地中有栽培。

【观赏价值及应用】花色多而艳丽，多种植于庭院、街道花坛，主要作为景观植物栽培。

121 木茼蒿

Argyranthemum frutescens (L.) Sch.-Bip.

别名：玛格丽特、木春菊

科属：菊科木茼蒿属

【生物学特征】常绿灌木，高可达1m。枝条大部分木质化。叶宽卵形、椭圆形或长椭圆形，二回羽状分裂，两面无毛，叶柄有狭翼。头状花序多数，在枝端排成不规则的伞房花序，全部苞片边缘白色、宽膜质，内层总苞片顶端膜质、扩大几成附片状；舌状花瘦果具3条白色膜质宽翅形的肋，两性花瘦果具狭翅的肋。2～10月开花结果。

【生态习性】喜凉爽、湿润环境，忌高温。耐寒力不强，在最低气温5℃以上的温暖地区才能露地越冬。喜肥，要求富含腐殖质、疏松、排水良好的土壤。

【分布】原产于加那利群岛，我国各地有栽培。我校产教大楼后有栽培。

【观赏价值及应用】枝叶繁茂，株丛整齐，花色淡雅，花期长，我国各地公园常作盆景栽培，供观赏。

122 大花马齿苋

Portulaca grandiflora Hook.

别名：太阳花、午时花、半支莲、死不了

科属：马齿苋科马齿苋属

【生物学特征】多年生草本，高30cm。茎平卧或斜升，紫红色，多分枝。叶密集枝顶，往下不规则互生；叶细圆柱形，有时微弯，无毛；叶柄极短或近无柄，叶腋常簇生白色长柔毛。花单生或数朵簇生于枝顶，径2.5～4cm，日开夜闭；叶状总苞8～9片，轮生，被白色长柔毛；花瓣5或重瓣，倒卵形，先端微凹，长1.2～3cm，红色、紫色、黄色或白色；雄蕊多数，长5～8mm，花丝紫色。蒴果近椭圆形，盖裂。种子圆肾形，深灰、灰褐或灰黑色，有光泽，被小瘤。花期6～9月，果期8～11月。

【生态习性】喜欢温暖、阳光充足的环境，在阴暗潮湿之处生长不良。见阳光花开，晴天早、晚及阴天闭合。极耐瘠薄，一般土壤都能适应，对排水良好的砂质土壤特别钟爱。

【分布】我国公园、花圃常有栽培。我校环境楼前、校园花圃和园林大棚均有栽植。

【观赏价值及应用】花色丰富，向阳而开，如锦似绣，是很好的观花植物，常作盆栽、花境、花坛等材料。

123 凤仙花

Impatiens balsamina L.

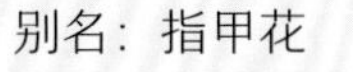

别名：指甲花
科属：凤仙花科凤仙花属

【生物学特征】一年生草本，高60～100cm。茎粗壮，肉质，直立，不分枝或有分枝，无毛或幼时被疏柔毛，具多数纤维状根，下部节常膨大。叶互生，最下部叶有时对生，叶片披针形、狭椭圆形或倒披针形，边缘有锐锯齿，向基部常有数对无柄的黑色腺体，两面无毛或被疏柔毛，侧脉4～7对。花单生或2～3朵簇生于叶腋，无总花梗，白色、粉红色或紫色，单瓣或重瓣。蒴果宽纺锤形。花期7～10月，果期8～10月。

【生态习性】喜阳光，怕湿，耐热，不耐寒。适生于疏松、肥沃、微酸土壤中，在较贫瘠的土壤中也可生长。

【分布】原产于中国、印度和马来西亚。我校大门和园林大棚有栽植。

【观赏价值及应用】我国各地庭园广泛栽培，为常见的观赏花卉。

124 矮牵牛

Petunia × *hybrida* Hort. ex Vilm.

别名：毽子花、灵芝牡丹、草牡丹、碧冬茄
科属：茄科矮牵牛属

【生物学特征】一年生草本，高达60cm。叶卵形，长3～8cm，先端渐尖，基部宽楔形或楔形，全缘，侧脉不显著，5～7对，具短柄或近无柄。花单生于叶腋，花梗长3～5cm；花萼5深裂，裂片线形，长1～1.5cm，先端钝，宿存；花冠白或紫堇色，具条纹，漏斗状。蒴果圆锥状，2瓣裂，裂瓣顶端2浅裂。花期4～10月，果期6～10月。

【生态习性】喜温暖和阳光充足的环

境。不耐霜冻，怕雨涝。

【分布】世界各国花园中普遍栽培。我校校园花圃有栽植。

【观赏价值及应用】花朵硕大，花色丰富，有白、粉、红、紫、蓝甚至黑色，以及各种彩斑镶边等；花型变化颇多，花冠单瓣、半重瓣、瓣边褶皱状或呈不规则锯齿状。因其花色丰富，群体表现出众，有着“花坛皇后”的美誉，已成为城市绿化的主要用花。

125 茑萝

Ipomoea quamoclit L.

别名：茑萝松、金丝线、五角星花、羽叶茑萝

科属：旋花科虎掌藤属

【生物学特征】一年生缠绕草本，无毛。叶卵形或长圆形，长 2 ～ 10cm，宽 1 ～ 6cm，羽状深裂至中脉，具 10 ～ 18 对线形至丝状的平展细裂片，裂片先端锐尖。花序腋生，由少数花组成聚伞花序；总花梗大多超过叶，花直立，花柄较花萼长；萼片绿色，稍不等长；花冠高脚碟状，长约 2.5cm，深红色。蒴果卵形，4 室，4 瓣裂，隔膜宿存、透明。花期 7 ～ 10 月，果期 8 ～ 10 月。

【生态习性】喜光，喜温暖湿润环境，不耐寒。能自播（一般由人工引种栽培），要求土壤肥沃。抗逆性强，管理粗放。

【分布】原产于美洲热带地区，广布于全球温带及热带，生长于海拔 2500m 以下。我国陕西、河北、河南、山东、江苏、安徽、浙江、江西、福建、广东、广西、四川、贵州、云南等地广泛栽培。我校教师公寓 5 栋前面有栽植。

【观赏价值及应用】细长光滑的蔓生茎长可达 4 ～ 5m，柔软，极富攀缘性，花叶俱美，是理想的绿篱植物。也可盆栽陈设于室内，用金属丝扎成各种屏风式、塔式造型。

126 白花泡桐

Paulownia fortunei (Seem.) Hemsl.

别名：通心条、华桐、泡桐、白花桐、哇哈哈

科属：泡桐科泡桐属

【生物学特征】落叶乔木，高达30m。树皮灰褐色，有皮孔。叶片长卵状心脏形，有时为卵状心脏形。聚伞花序有花3～8朵，花冠管状漏斗形，白色，仅背面稍带紫色或浅紫色，长8～12cm，管部在基部以上逐渐向上扩大，稍稍向前曲，外面有星状毛，腹部无明显纵褶，内部密布紫色细斑块。蒴果长圆形或长圆状椭圆形。花期3～4月，果期7～8月。

【生态习性】喜光，也较耐阴。喜温暖气候，耐寒性不强。幼年生长极快，是速生树种。对热量要求较高，对大气干旱的适应能力较强，对土壤肥力、土层厚度和疏松程度也有较高要求，在黏重的土壤上生长不良。

【分布】分布于安徽、浙江、福建、台湾、江西、湖北、湖南、四川、云南、贵州、广东、广西，野生或栽培，在山东、河北、河南、陕西等地近年有引种。我校网球场、信息楼前后均有栽植。

【观赏价值及应用】主干端直，冠大荫浓，春天繁花似锦，夏天绿树成荫。适于庭园、公园、广场、街道作庭荫树或行道树。

127 夏堇

Torenia fournieri Linden. ex Fourn.

别名：兰猪耳、蓝猪耳

科属：母草科蝴蝶草属

【生物学特征】一年生草本，株高15～30cm。株形整齐而紧密，方茎，分枝多，呈披散状。叶对生，卵形或卵状披针形，边缘有锯齿，叶柄长为叶长的1/2，秋季叶色变红。花腋生或顶生，总状花序，唇形花冠，花萼膨大，萼筒上有5条棱状翼，花冠超出其萼齿部分长1～2.3cm，花色有紫青色、桃红色、蓝紫色、深桃红色及紫色等。种子细小。花果期6～12月。

【生态习性】喜光，也耐半阴。可耐5℃

低温，亦较耐高温暑热。适宜背风环境。喜肥沃、疏松、排水良好的土壤。

【分布】原产于越南，我国南方常见栽培。我校产教大楼附近有栽植。

【观赏价值及应用】姿色柔美，在酷热的盛夏能带给人们几许凉意。适合点缀花坛或盆栽，是很好的镶边材料。花期从夏季至秋季，尤其耐高温，很适合屋顶、阳台、花台栽培。

128 金鱼草

Antirrhinum majus L.

别名：龙头花、狮子花、龙口花、洋彩雀

科属：车前科金鱼草属

【生物学特征】常作一、二年生花卉栽培。茎直立，高 30 ~ 80cm。茎下部的叶对生，上部的叶互生；叶片披针形至长圆状披针形，长 3 ~ 7cm，先端渐尖，基部楔形，全缘。总状花序顶生，花冠 2 唇瓣，基部膨大，有火红、金黄、艳粉、纯白和复色等色。蒴果卵形。花期 6 ~ 10 月，果期 7 ~ 10 月。

【生态习性】喜阳光，也耐半阴，对光照长短反应不敏感。较耐寒，不耐热，生长适温 16 ~ 26℃。喜肥沃、疏松和排水良好的微酸性砂质壤土。

【分布】原产于地中海沿岸，各地均有栽培。我校园林大棚有栽植。

【观赏价值及应用】常见的庭园花卉，矮生品种常用于花坛、花境或路边栽培观赏，盆栽可置于阳台、窗台等处装饰；高生品种常用作切花材料，也可作背景材料。

129 大花三色堇

Viola × *wittrockiana* Gams ex Nauenb.

别名：小蝴蝶花、杂种堇菜

科属：堇菜科堇菜属

【生物学特征】一年生草本，高 10 ～ 40cm。地上茎较粗，直立或稍倾斜，有棱，单一或分枝。叶互生，基生叶卵圆形，茎生叶长卵圆形，叶缘具整齐的钝锯齿。花顶生或腋生，挺立于叶丛之上；花瓣 5，上面 1 片先端短钝，下面的花瓣有腺形附属体，并向后伸展，状似蝴蝶，每花有黄、白、蓝三色，花瓣中央有一个深色的眼状斑纹，还有黄、蓝、白、红等纯色。蒴果椭圆形，呈 3 瓣裂。花期 4 ～ 6 月，果熟期 5 ～ 7 月。

【生态习性】喜冷凉气候，较耐寒，略耐半阴，喜富含腐殖质、湿润的砂质壤土，忌炎热和雨涝。

【分布】原产于西欧，世界各地广泛栽培。我校行政楼前有栽植。

【观赏价值及应用】花期长，色彩丰富、绚丽，株型矮，常用于花坛、花境，镶边或用不同花色品种组成图案。可以与其他开花较晚的花卉间种套作，如与大花美人蕉套作，可提高绿化效果。也可盆栽及作切花材料。

130 石竹

Dianthus chinensis L.

别名：洛阳花、长萼石竹、丝叶石竹

科属：石竹科石竹属

【生物学特征】多年生草本，高达 50cm，疏丛生。叶线状披针形，长 3 ～ 5cm，宽 2 ～ 4cm，先端渐尖，基部稍窄，全缘或具微齿。花单生或集生为聚伞花序；花梗长 1 ～ 3cm；苞片 4，卵形；花瓣长 1.6 ～ 1.8cm，瓣片倒卵状三角形，长 1.3 ～ 1.5cm，紫红、粉红、鲜红或白色等，先端不整齐齿裂，喉部具斑纹，疏生髯毛；雄蕊筒形，包于宿萼内，顶端 4 裂。种子扁圆形。花期 5 ～ 6 月，果熟期 7 ～ 9 月。

【生态习性】喜阳光充足。喜温暖湿润气候，不耐干旱。对土壤要求不严，但以疏松、肥沃、较湿润的土壤为宜。

【分布】原产于我国北方，南北普遍生长；俄罗斯西伯利亚、朝鲜也有分布。我校大门、生态湖附近和产教大楼附近均有栽植。

【观赏价值及应用】株型低矮，茎秆似竹，叶丛青翠。花开可从暮春季节至仲秋，温室盆栽可以花开四季，花朵繁茂，此起彼伏，观赏期较长。花色丰富，五彩缤纷。

131 虞美人

Papaver rhoeas L.

别名：丽春花、仙女蒿
科属：罂粟科罂粟属

【生物学特征】一年生草本。茎、叶、花梗、萼片被淡黄色刚毛。茎分枝。叶片宽大，匙形，平滑，有波浪叶和锯齿叶等品种；叶片丛生，外层叶片有绿色和红色两个系列，中心叶片有红、粉、白等色。花单生于茎枝顶端，花芽下垂；萼片2，宽椭圆形；花瓣4，圆形、宽椭圆形或宽倒卵形，紫红色，基部常具深紫色斑点；花丝丝状，深紫红色，花药黄色。果宽倒卵圆形。花期3～8月，果期4～9月。

【生态习性】喜阳光充足的环境。耐寒，怕暑热。喜排水良好、肥沃的砂壤土。不耐移栽，忌连作与积水。

【分布】原产于欧洲，我国各地常见栽培。我校校园花圃中有栽植。

【观赏价值及应用】花期长，花色丰富，开花时花瓣质薄如绫、光洁似绸，轻盈花冠似朵朵红云和片片彩绸，虽无风亦似自摇，风动时更是飘然欲飞，颇为美观。适宜花坛、花境栽植，也可盆栽或作切花用。在公园中成片栽植，景色非常宜人。

132 羽衣甘蓝

Brassica oleracea var. *aephala* de Candolle

别名：叶牡丹

科属：十字花科芸薹属

【生物学特征】二年生草本，株高20～80cm。叶子宽大，呈大匙形；基生叶紧密互生，呈莲座状；叶片平滑无毛，边缘有细波状皱褶，有光叶、皱叶、裂叶、波浪叶之分；外叶较宽大，叶色翠绿、黄绿或蓝绿，叶柄粗壮而有翼，叶脉和叶柄呈浅紫色；内部叶叶色极为丰富，有黄色、白色、粉红色、红色、玫瑰红色、紫红色、青灰色、杂色等。在温暖、长日照条件下抽薹开花，总状花序，花色金黄、黄至橙黄。果实为长角果，圆筒形。花期3～4月，果期5～6月，观叶期为12月至翌年3月。

【生态习性】喜阳光充足、凉爽，耐寒力不强。宜疏松、肥沃、排水良好的土壤，极喜肥。

【分布】我国城市公园有栽培。我校大门有栽植。

【观赏价值及应用】叶紧密互生，团抱成球形，叶片较宽大，叶缘细密多皱并具波状起伏。心部叶片色彩丰富，因品种不同而呈紫红、桃红、青灰、淡黄至乳白色的变化，全株似一朵盛开的牡丹，故又名叶牡丹。

133 蜀葵

Alcea rosea L.

别名：饽饽团子、斗蓬花、栽秧花、麻秆花、一丈红

科属：锦葵科蜀葵属

【生物学特征】二年生直立草本，高达2m。茎枝密被星状毛和刚毛。叶近圆心形，直径6～16cm，掌状5～7浅裂或波状棱角，上疏被星状柔毛，下被星状长硬毛或茸毛；叶柄长5～15cm，被星状长硬毛；托叶卵形，长约8mm，先端具3尖。总状花序顶生，单瓣或重瓣，有紫、粉、红、白等色。蒴果。花期6～8月，果期7～9月。

【生态习性】喜阳光充足，耐半阴。耐寒，在华北地区可以安全露地越冬。忌涝。

耐盐碱能力强，在含盐量 0.6% 的土壤中仍能生长。在疏松、肥沃、排水良好的砂质土壤中生长良好。

【分布】原产于我国四川，分布很广，华东、华中、华北地区均有分布。我校行政楼前有栽植。

【观赏价值及应用】花朵颜色鲜艳，十分漂亮，给人清新的感觉，惹人喜爱，特别适合种植在院落、路侧，可以用来布置花境，还可组成繁花似锦的绿篱、花墙。

134 紫茉莉
Mirabilis jalapa L.

别名：粉豆、胭脂花、晚饭花、晚晚花、野丁香

科属：紫茉莉科紫茉莉属

【生物学特征】一年生草本，高达 1m。茎多分枝，节稍肿大。叶卵形或卵状三角形，先端渐尖，基部平截或心形，全缘。花常数朵簇生于枝顶，总苞钟形，5 裂；花被紫红色、黄色或杂色，花被筒高脚碟状，檐部 5 浅裂；午后开放，有香气，次日午前凋萎；雄蕊 5。瘦果球形，黑色，革质，具皱纹。花期 6 ~ 10 月，果期 8 ~ 11 月。

【生态习性】喜温暖湿润气候，不耐寒，冬季地上部分枯死，在江南地区地下部分可安全越冬，翌年春季续发长出新的植株。露地栽培要求土层深厚、疏松、肥沃的土壤。

【分布】原产于美洲热带地区，世界温带至热带地区广泛引种和归化。在我国南北各地常作为观赏花卉栽培，有时为野生。我校学生宿舍 12 栋附近有栽植。

【观赏价值及应用】花色艳丽，色彩丰富，花期长，常用于庭院绿化。

135 鸢尾
Iris tectorum Maxim.

别名：老鸹蒜、蛤蟆七、扁竹花、紫蝴蝶、蓝蝴蝶

科属：鸢尾科鸢尾属

【生物学特征】多年生草本。植株基部包有老叶残留的叶鞘及纤维。根状茎粗壮，二歧分枝，径约1cm。叶基生，黄绿色，宽剑形，无明显中脉。花茎高20～40cm，顶部常有1～2侧枝；花蓝紫色，花被筒细长，上端喇叭形；外花被裂片圆形或圆卵形，有紫褐色花斑，内花被裂片椭圆形；花药鲜黄色；花柱分枝扁平，淡蓝色，长约3.5cm，顶端裂片四方形；子房纺锤状柱形，长1.8～2cm。蒴果长椭圆形或倒卵圆形。花期4～6月，果期6～8月。

【生态习性】喜光，也耐半阴。喜凉爽，耐寒力强。要求适度湿润、排水良好、富含腐殖质、略带碱性的黏性土壤。

【分布】分布于山西、安徽、江苏、浙江、福建、湖北、湖南、江西、广西、陕西、甘肃、四川、贵州、云南、西藏。我校教师宿舍3栋前面和侧面、生态湖周围和立雪湖周围均有栽植。

【观赏价值及应用】叶片碧绿青翠，花形奇特，宛若翩翩彩蝶，是花坛及庭院绿化的良好材料，也可用作地被植物和盆花，有些种类为优良的鲜切花材料。

136 卷丹
Lilium lancifolium Thunb.

别名：虎皮百合、卷丹百合、南京百合

科属：百合科百合属

【生物学特征】多年生草本。鳞茎近宽球形，高约3.5cm，直径4～8cm；鳞片宽卵形，长2.5～3cm，宽1.4～2.5cm，白色。茎高0.8～1.5m，带紫色条纹，具白色绵毛。叶散生，矩圆状披针形或披针形，两面近无毛，有5～7条脉。花3～6朵或更多；苞片叶状，卵状披针形；花下垂，花被片披针形，反卷，橙红色，有紫黑色斑点；花瓣有平展的，有向外翻卷的，故而得名。蒴果狭长卵形，长3～4cm。花期7～8月，果期9～10月。

【生态习性】喜光，喜温暖湿润环境。畏涝。喜深厚、腐殖质多的土壤，最忌硬黏土。

【分布】分布于中国、日本、朝鲜。生于海拔400～2500m山坡灌木林下、草地、

路边或水旁。各地有栽培。我校环境楼前有组合缸栽。

【观赏价值及应用】花形奇特，摇曳多姿，不仅适于园林中花坛、花境及庭院栽植，也是切花和盆栽的良好材料。

137 玉簪

Hosta plantaginea (Lam.) Aschers.

别名：玉春棒、白鹤花、玉泡花、白玉簪

科属：天门冬科玉簪属

【生物学特征】多年生草本。株丛低矮，圆浑。叶基生成丛，卵形至心状卵形，基部心形，叶脉呈弧状。总状花序顶生，高于叶丛；花为白色，管状漏斗形，浓香。同属还有开淡紫色、堇紫色花的紫萼、狭叶玉簪、波叶玉簪等。花期 6 ～ 8 月，果期 9 ～ 10 月。

【生态习性】性强健，耐寒冷，喜阴湿环境，不耐强烈日光照射。要求土层深厚、排水良好且肥沃的砂质土壤。

【分布】原产于中国及日本，广泛栽培，有时归化逸为野生。我校校园花圃等处有栽培。

【观赏价值及应用】花洁白或淡紫，晶莹素雅。园林中可植于树下作地被植物，或植于岩石园或建筑北侧，也可盆栽供观赏或作切花。

138 萱草

Hemerocallis fulva (L.) L.

别名：金针花、黄花菜、忘忧草

科属：阿福花科萱草属

【生物学特征】多年生草本。具短根状茎和粗壮的纺锤形肉质根。叶基生，宽线形，对排成二列。花莛细长坚挺，小花6～10朵，呈顶生聚伞花序；花大，漏斗形，颜色以橘黄色为主，有时可见紫红色，内部颜色较深。蒴果钝三棱状椭圆形。种子20多颗，黑色，有棱。花果期5～9月。

【生态习性】性强健，适应性强，喜光，也耐半阴；喜湿润，也耐干旱。耐寒，可露地越冬。对土壤选择性不强，以富含腐殖质、排水良好的湿润土壤为佳。

【分布】产于秦岭以南各地（包括甘肃和陕西的南部，云南除外）以及河北、山西和山东。生于海拔2000m以下山坡、山谷的荒地或林缘。我校校园花圃、行政楼后绿地等处有栽培。

【观赏价值及应用】与玉簪、鸢尾并列为国际公认三大宿根花卉。由于资源丰富、抗性强、管理粗放、成本低且观赏效果佳而在景观营造中被广泛应用。多于花境、路旁丛植，也可作疏林地被应用。

139 虎克四季秋海棠

Begonia cucullata var. *hookeri* (Sweet) L.B.Sm. et B.G.Schub.

别名：四季海棠、玻璃翠、玻璃海棠

科属：秋海棠科秋海棠属

【生物学特征】多年生肉质草本，极稀亚灌木，株高15～30cm。具根状茎。茎直立、匍匐，稀攀缘状或常短缩而无地上茎。单叶，稀掌状复叶，互生或全部基生，叶缘常有不规则疏而浅锯齿，偶有全缘，叶脉通常掌状；叶柄较长，柔弱；托叶膜质，早落。聚伞花序腋生，花有单瓣和重瓣，花色有红、白、粉红。蒴果，有时浆果状。几乎全年有花，果期8～10月。

【生态习性】喜湿润，生长适温15～25℃。喜排水良好、富含腐殖质的砂质壤土。

【分布】原产于巴西，是栽培较广的秋海棠之一。我校校园花圃有栽培。

【观赏价值及应用】花繁密，花期长，姿态优美，花多而密集成簇，开花不受日照长短影响。适应性强，气温适宜条件下一年四季皆可开花，因此广泛应用于布置城市园林景观。盆栽可用于茶几或窗台等处点缀，也适合在公园或庭院等布置花坛、花境等。

140 牡丹

Paeonia × suffruticosa Andr.

别名：木芍药
科属：芍药科芍药属

【生物学特征】落叶灌木，高达2m。分枝短而粗。叶通常为二回三出复叶，表面绿色，无毛，背面淡绿色，有时具白粉；叶柄长5～11cm，与叶轴均无毛。花单生于枝顶，苞片5，长椭圆形；萼片5，绿色，宽卵形；花瓣5或为重瓣，玫瑰红、红紫、粉红至白色，通常变异很大，倒卵形；顶端呈不规则的波状；花药长圆形，长4mm；花盘革质，杯状，紫红色；心皮5，密生柔毛。蓇葖果长圆形，密生黄褐色硬毛。花期5月，果期6月。

【生态习性】喜阳光，也耐半阴。耐寒，耐干旱，耐弱碱，忌积水，怕热，怕烈日直射。适宜在疏松、深厚、肥沃、地势高燥、排水良好的中性砂壤土中生长。在酸性或黏重土壤中生长不良。

【分布】我国牡丹栽培面积最大、最集中的地方有菏泽、洛阳、北京、临夏、彭州、铜陵（义安区）等。通过河南地区花农冬季赴广东、福建、浙江、深圳、海南进行催花，牡丹在以上几个地区安家落户，其栽植遍布全国各地。我校2022年在校园花圃、匠心园等处栽培。

【观赏价值及应用】色、姿、香、韵俱佳，花大色艳，花姿绰约，韵压群芳。

一串红

Salvia splendens Ker-Gawler

别名：墙下红、撒尔维亚、草象牙红、爆竹红、西洋红

科属：唇形科鼠尾草属

【生物学特征】多年生草本，常作一年生栽培，株高 30 ～ 90cm。茎四棱，光滑，茎基木质化，茎节常为紫红色。单叶对生，卵形至心脏形，先端渐尖，叶缘有锯齿；有长柄。总状花序顶生，似串串爆竹；花萼钟状，宿存，与花冠同色；花冠筒状，伸出萼外，先端唇形，花冠鲜红色。小坚果卵形。花期 7 ～ 10 月，果熟期 8 ～ 10 月。

【生态习性】喜温暖和阳光充足环境，耐半阴，较耐寒，忌霜雪和高温。耐干旱，喜疏松、肥沃、排水良好的土壤，怕积水和碱性土壤。

【分布】原产于南美洲，世界各地广泛栽培。我校大门花坛、培训楼前等处有栽培。

【观赏价值及应用】植株紧密，开花时花朵覆盖全株，花色亮丽，是布置花坛、花境的优良材料。大片种植或盆栽装饰，气氛热烈，效果好。

鸡冠花

Celosia cristata L.

别名：鸡冠头、鸡公花、红鸡冠

科属：苋科青葙属

【生物学特征】一年生草本，株高 25 ～ 90cm。茎直立，粗壮，少分枝，有棱线或沟。叶互生，有柄，长卵形或卵状披针形，宽 2 ～ 6cm，绿色、黄绿、红绿或红色，全缘或有缺刻。穗状花序顶生，呈扁平肉质鸡冠状、卷冠状或羽毛状，具绒质光泽，似鸡冠；花序上部花多退化而密被羽状苞片，中下部集生小花，苞片及花被紫红色或黄色。叶色与花色常有相关性。种子黑色，具光泽。花期 7 ～ 10 月，果期 9 ～ 11 月。

【生态习性】喜光，喜炎热、干燥，忌阴湿，不耐寒。宜疏松、肥沃土壤，不耐瘠薄。

【分布】原产于非洲、美洲热带地区和印度，世界各地广为栽培。我校产教大楼后有栽培。

【观赏价值及应用】花序顶生，形状奇特，色彩丰富，有较高的观赏价值，是夏、秋花境和花坛的重要花卉。还可作盆花、切花、干花。

143 凤眼莲

Eichhornia crassipes (Mart.) Solme

别名：水葫芦、凤眼蓝、水葫芦苗

科属：雨久花科凤眼莲属

【生物学特征】多年生浮水草本，株高 30 ～ 60cm。根丛生于节上，须根发达且悬浮于水中。茎短缩，具匍匐走茎。单叶丛生于短缩茎的基部，呈莲座状，叶卵圆形、倒卵形至肾形，叶面光滑、全缘；叶柄中下部有膨胀如葫芦状的气囊，基部具削状苞片。花莛单生，直立，穗状花序，通常具 9 ～ 12 朵花；花被裂片 6，花瓣状，卵形、长圆形或倒卵形，紫蓝色；花冠略两侧对称，三色，即四周淡紫红色，中间蓝色，在蓝色的中央有一黄色圆斑。蒴果卵形。花期 7 ～ 10 月，果期 8 ～ 11 月。

【生态习性】喜向阳、平静的水面，在潮湿、肥沃的边坡也能正常生长。在日照时间长、温度高的条件下生长较快，受冰冻后茎叶枯黄。

【分布】原产于巴西，20 世纪初作为花卉引入中国，20 世纪 30 年代作为畜禽饲料引入各省份，并作为观赏和净化水质的植物推广种植，后逃逸为野生。由于其无性繁殖速度极快，已广泛分布于我国华北、华东、华中、华南和西南各地，并已成为世界上许多国家和地区的入侵植物。生于海拔 200 ～ 1500m 的水塘、沟渠及稻田中。我校生态湖有栽培。

【观赏价值及应用】叶色光亮，花色美丽，叶柄奇特，可布置水景，花可作切花。

144 美人蕉

Canna indica L.

别名：小芭蕉

科属：美人蕉科美人蕉属

【生物学特征】多年生草本。球根花卉，株高 70 ～ 300cm。地下肉质根状茎粗大，横卧而生，节上生有不定根和地上茎；地上茎直立，肉质，不分枝。叶片宽大，互生，长椭圆状披针形。总状花序生于枝顶，花大型，有萼片 3 片；花瓣 3 片，呈萼片状，基部合生。蒴果绿色。花果期 3 ～ 12 月。

【生态习性】喜充足的阳光和温暖、炎热气候，不耐霜冻。喜湿润、肥沃、深厚的砂壤土，可抗短期水涝。

【分布】原产于美洲热带、亚洲热带和非洲。我国引种，全国各地广泛栽培。我校新图书馆后、心理咨询室前等绿地中有栽培。

【观赏价值及应用】适合大面积自然栽植。应用于花坛、花境及建筑基础栽培。一些低矮的品种可盆栽供观赏。

145 艳山姜

Alpinia zerumbet (Pers.) B. L. Burtt et R. M. Sm.

别名：彩叶姜、斑纹月桃

科属：姜科山姜属

【生物学特征】多年生草本。株高 2 ～ 3m。叶片披针形，长 30 ～ 60cm，宽 5 ～ 10cm，顶端渐尖而有一旋卷的小尖头，基部渐狭，边缘具短柔毛，两面均无毛；叶柄长 1 ～ 1.5cm；叶舌长 5 ～ 10mm，外被毛。圆锥花序呈总状花序式，下垂，长达 30cm，花序轴紫红色，被茸毛，分枝极短，在每一分枝上有花 1 ～ 2（3）朵；小苞片椭圆形，白色，顶端粉红色，蕾期包裹住花，无毛；小花梗极短；花萼近钟形，白色，顶端粉红色。蒴果卵圆形，直径约 2cm，被稀疏的粗毛，具显露的条纹，顶端常冠以宿萼，熟时朱红色。种子有棱角。花期 4 ～ 6 月，果期 7 ～ 10 月。

【生态习性】不耐寒，当气温下降至 10℃左右时应采取防寒措施。对土壤要求不严。

【分布】产于我国东南部至西南部各地。我校求知石边有栽培，并在新图书馆周边多处新种植‘花叶’艳山姜。

【观赏价值及应用】叶片宽大，色彩绚丽迷人，是一种极好的观叶植物。种植在溪水旁或树荫下，又能给人回归自然、享受野趣的快乐。

146 石蒜

Lycoris radiata (L' Her.) Herb.

别名：彼岸花、老死不相往来、平地一声雷、龙爪花等

科属：石蒜科石蒜属

【生物学特征】多年生草本。鳞茎近球形或卵形，肥厚。叶基生，线形。花莛直立，实心圆筒形；伞形花序顶生，花被裂片狭倒披针形，长约 3cm，宽约 0.5cm，明显皱缩和反卷；花被筒绿色，长约 0.5cm；雄蕊显著伸出于花被外，比花被长 1 倍左右；花色有鲜红、粉红、金黄、淡黄、白、乳白等色。蒴果，种子黑色。花期 8 ～ 9 月，果期 10 月。

【生态习性】耐强光，也耐阴。喜温暖和湿润的半阴环境，适应性强，适生于富含腐殖质且排水良好的土壤。

【分布】原产于亚洲东部，在我国分布于黄河以南各地。野生于阴湿山坡和溪沟边。我校多处林下有栽培。

【观赏价值及应用】叶色翠绿，夏、秋季鲜花怒放。在园林中可作林下地被丛植或山石间自然式栽植；也可栽植在草地或溪边坡地，配以绿色背景布置花境；亦可盆栽或作切花。

朱顶红

Hippeastrum striatum (Lam.) H. E. Moore

别名：孤挺花、对兰、对红

科属：石蒜科朱顶红属

【生物学特征】多年生草本。鳞茎肥大，卵状球形。叶两侧对生，扁平带形或条形，略肉质。花莛自鳞茎顶端抽出，粗壮、直立而中空，扁圆柱形；伞形花序，顶端着花 2 ~ 4 朵；花大型，喇叭状，花径大者可达 20cm 以上；花冠筒短，花色艳丽，有大红、玫瑰红、橙红、淡红、白等色。蒴果球形。花期由冬至春，露地栽培多在 4 ~ 6 月开花，果期 9 ~ 10 月。

【生态习性】喜温暖、湿润和阳光充足环境。要求夏季凉爽、冬季温暖。要求疏松、肥沃的微酸性砂质壤土，怕水涝。

【分布】原产于南美洲，我国各地广泛栽培。我校二食堂前、匠心亭周边等多处有栽培。

【观赏价值及应用】可用于花坛、花境，也可配置于草坪边。许多品种适宜盆栽，陈设于客厅、书房，还可以像水仙一样水养观赏。

水鬼蕉

Hymenocallis littoralis (Jacq.) Salisb.

别名：蜘蛛兰、蟚蟹花

科属：石蒜科水鬼蕉属

【生物学特征】多年生草本，株高 30 ~ 200cm。鳞茎较大，卵形。叶深绿色，剑形，先端尖，基部收窄，无柄。花被筒纤细，长短不等，花被裂片线形，常短于花被筒；雄蕊花丝基部合成的杯状体钟形或漏斗状，具齿，花丝离生部分长 3 ~ 5cm；花柱与雄蕊近等长或较长。蒴果卵圆形，绿色，肉质状，成熟时裂开。花期春末到秋季，果期 5 ~ 8 月。

【生态习性】喜光但畏烈日，喜温暖、湿润，不耐寒。在北方多作温室盆栽。

【分布】原产于南美洲、墨西哥及西非等热带地区，世界各地广泛栽培。我校运动场边有栽培。

【观赏价值及应用】花瓣细长，副冠皿形，花奇特素雅，芳香。宜盆栽观赏，布置花坛、林缘、草地或作切花。

149 葱莲

Zephyranthes candida (Lindl.) Herb.

别名：葱兰、玉帘、白花菖蒲莲、韭菜连等
科属：石蒜科葱莲属

【生物学特征】多年生草本，株高15～20cm。鳞茎卵形，较小。叶肉质基生，线形，暗绿色。单花顶生，花茎中空；总苞片先端2浅裂，花被片6；花白色，外面稍带淡红色晕，几无花被筒。蒴果近球形。花期7月下旬至11月初，果实成熟期11月。

【生态习性】喜阳光，耐半阴和低湿环境。喜温暖，耐寒力强。适宜排水良好、富含腐殖质的稍黏质土壤。

【分布】原产于墨西哥等地。我校博雅广场北面、环境楼前等处有栽培。

【观赏价值及应用】适宜作林下、坡地等地被植物，也常作花坛、花境及路边的镶边材料，或盆栽供观赏。

150 百子莲

Agapanthus africanus Hoffmgg.

别名：蓝花君子兰、紫花君子兰、百子兰等
科属：石蒜科百子莲属

【生物学特征】多年生常绿草本。有鳞茎。叶二列状基生，光滑，近革质，线状披针形至舌状条形。花莛自叶丛中抽出，粗壮、直立；顶生伞形花序，小花20～50朵，花被钟状漏斗形，鲜蓝色。蒴果，含多数带翅种子。花期7～8月，果熟期10月。

【生态习性】喜阳光充足和温暖、湿润环境。有一定抗寒能力，在南方温暖地区可露地覆盖越冬，在北方地区冬季需进温室。要求疏松、肥沃的砂质壤土，忌积水。

【分布】原产于南非，我国各地多有栽培。我校多处有栽培。

【观赏价值及应用】在南方温暖地区可用于布置花坛和花境，或点缀岩石园。在北方适于盆栽供室内观赏。

151 文殊兰

Crinum asiaticum var. *sinicum* (Roxb. ex Herb.) Baker

别名：文珠兰、罗裙带

科属：石蒜科文殊兰属

【生物学特征】多年生粗壮草本。鳞茎长圆柱形。叶 20 ～ 30 片，多列，带状披针形，长可达 1m，宽 7 ～ 12cm 或更宽，顶端渐尖，边缘波状，暗绿色。花茎直立，几与叶等长；伞形花序有花 10 ～ 24 朵，佛焰苞状总苞片披针形、膜质，小苞片狭线形、花高脚碟状、芳香；花被管纤细，伸直，绿白色；花被裂片线形，白色；雄蕊淡红色，花药线形。蒴果近球形，直径 3 ～ 5cm，通常有种子 1 颗。花期 6 ～ 8 月，果期 11 ～ 12 月。

【生态习性】喜温暖、湿润、光照充足，幼苗期忌强直射光照。生长适宜温度 15 ～ 20℃，冬季鳞茎休眠期适宜贮藏温度为 8℃左右。喜肥沃砂质壤土，耐盐碱土。

【分布】分布于福建、台湾、广东、广西等省份。常生于海滨地区或河旁沙地。我校教师公寓绿地有栽培。

【观赏价值及应用】叶大清秀，花姿优美，花色洁白素雅，为著名园林植物，可用于林缘、山石边或墙边成片种植观赏，也可丛植于海滨沙地或庭院一隅点缀。

152 韭莲

Zephyranthes carinata Herbert

别名：韭兰、红花葱兰、风雨花等

科属：石蒜科葱莲属

【生物学特征】多年生草本。鳞茎卵球形。基生叶常数片簇生，线形，扁平。花单生于花茎顶端，下有佛焰苞状总苞，总苞片常带淡紫红色，下部合生成管；花梗长 2 ～ 3cm；花玫瑰红色或粉红色；花被管长 1 ～ 2.5cm，花被裂片 6，倒卵形，顶端略尖；花药“丁”字形着生；子房下位，3 室，胚珠多数，花柱细长，柱头深 3 裂。蒴果近球形。种子黑色。盛花期为 6 ～ 9 月，11 月花已不多，果期 9 ～ 10 月。

【生态习性】喜光，也耐半阴。喜温暖湿润环境，耐旱。抗高温，生长适温为 22 ～ 30℃，不如葱兰耐寒。喜土层深厚、肥沃、排水良好的砂质壤土，不耐涝。适应性强，抗病虫能力强，球茎萌发力也强，易繁殖。

【分布】原产于南美洲，我国引种栽培供观赏。我校通信楼前花坛有栽培。

【观赏价值及应用】适宜庭园花坛边缘栽植或盆栽，也可以作为花境或者草地的镶边材料。

153 睡莲

Nymphaea tetragona Georgi

别名：子午莲、睡浮莲、瑞蓬小莲花

科属：睡莲科睡莲属

【生物学特征】多年生水生草本。根状茎粗短。叶丛生，具细长叶柄，浮于水面，纸质或近革质，圆心形或肾卵形，上面浓绿，幼叶有褐色斑纹，下面带紫色或红色。花单生于花柄顶端，直径 3 ～ 6cm，花色有白、红、粉、黄、蓝、紫等色及其中间色。浆果球形。种子黑色。花期 6 ～ 9 月，果期 8 ～ 10 月。

【生态习性】喜强光、通风良好和水质清洁、温暖的环境，对土质要求不严。生长季节池水深度以不超过 80cm 为宜。

【分布】我国南北各地池沼均有自然分布；俄罗斯、朝鲜、日本、印度、越南、美国也有分布。我校立雪湖中有栽培。

【观赏价值及应用】花色丰富，花型小巧，体态可人，是重要的浮水花卉。最适宜丛植，点缀水面，丰富水景，尤其适宜布置庭院的水池。

154 莲

Nelumbo nucifera Gaertn.

别名：荷花、莲花、芙蕖、水芙蓉、菡萏、藕花
科属：莲科莲属

【生物学特征】多年生挺水草本。根状茎横走，粗壮肥厚，有长节，节部缢缩。叶圆形，盾状，直径 20 ～ 90cm，表面深绿色，被蜡质白粉，背面灰绿色，全缘稍呈波状；叶柄长 1 ～ 2m，圆柱形，常挺出水面。花单生于花莛顶端，直径 6 ～ 33cm，有单瓣、重瓣及重台等花型，花色有白、粉、深红、淡紫、黄或间色等变化。聚合坚果椭圆形或卵形，黑褐色。种子卵形或椭圆形，红或白色。花期 6 ～ 8 月，果期 8 ～ 10 月。

【生态习性】喜光，生育期需要全光照环境。喜生长在池塘、浅水湖泊和沼泽等环境条件中，适宜水深 20 ～ 150cm。

【分布】我国南北各地均有分布。我校立雪湖中有栽培。

【观赏价值及应用】碧叶如盖，花朵娇美高洁，是园林水景中造景的主要材料，用于装饰湖塘和庭院水池，或布置专类园，亦可盆栽。

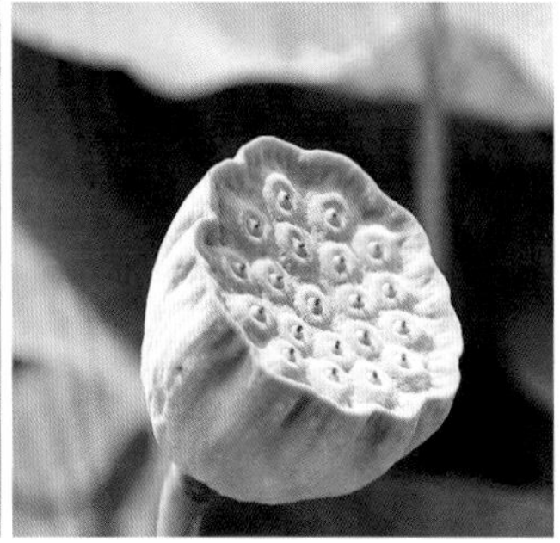

155 梭鱼草

Pontederia cordata L.

别名：北美梭鱼草、海寿花
科属：雨久花科梭鱼草属

【生物学特征】多年生挺水草本，株高 20 ～ 80cm。基生叶广卵圆状心形，顶端急尖或渐尖，基部心形，全缘。花由 10 余多花组成总状花序，顶生，蓝色。蒴果。花果期 5 ～ 10 月。

【生态习性】喜阳光，喜温暖，喜湿，耐热，耐寒，耐瘠薄。生长适温 18 ～ 28℃。不择土壤。

【分布】原产于北美洲。我校立雪湖中有栽培。

【观赏价值及应用】花色清幽，在我国应用极广，适合湖泊、池塘、小溪的浅水处绿化，也可用于人工湿地、河流两岸栽培观赏，常与其他水生植物如花叶芦竹、水葱、香蒲等配置。

156 海芋

Alocasia odora (Roxburgh) K. Koch

别名：姑婆芋、狼毒、尖尾野芋头、野山芋、滴水观音等
科属：天南星科海芋属

【生物学特征】多年生大型常绿草本。具匍匐根茎，有直立的地上茎，随植株的年龄和人类活动干扰的程度不同，茎高有不到 10cm 的，也有高达 3 ～ 5m 的，粗 10 ～ 30cm，基部长出不定芽条。叶多数，叶柄绿色或污紫色，螺状排列，粗厚。花序柄 2 ～ 3 个丛生，圆柱形，通常绿色，有时污紫色；佛焰苞管部绿色，卵形或短椭圆形；肉穗花序芳香，雌花序白色，不育雄花序绿白色，能育雄花序淡黄色。浆果红色，卵状。种子 1 ～ 2 颗。花期四季，但在密阴的林下常不开花，果期 6 ～ 7 月。

【生态习性】喜温暖、潮湿和半阴的环境。耐寒性差，不耐霜冻，生长适温为 20 ～ 25℃，越冬温度不低于 5℃。空气湿度不能低于 60%。

【分布】产于长江以南海拔 1700m 以下的热带和亚热带地区，常成片生长于热带雨林林缘或河谷野芭蕉林下。我校教师宿舍 1 栋前、立雪湖周边绿地有栽培，多处有野生。

【观赏价值及应用】可盆栽观赏或配置于水边林下，颇具观赏价值。

157 春兰

Cymbidium goeringii (Rchb. f.) Rchb. F.

别名：兰草、山兰、朵朵香、草兰、兰花、一枝香

科属：兰科兰属

【生物学特征】多年生常绿草本，植株较矮小。有肉质根及球形假鳞茎。叶丛生，刚韧，狭带形，叶缘有细齿。花单生，少数 2 朵，花莛直立，有鞘 4 ～ 5；花径 4 ～ 5cm，常有浅黄绿、绿白、黄白等色，清香；花瓣卵状披针形，稍弯，唇瓣 3 裂不明显，比花瓣短。花期 1 ～ 3 月，果期 4 ～ 12 月。

【生态习性】喜凉爽、湿润和通透环境，忌酷热、干燥和阳光直晒。要求富含腐殖质、排水良好、微酸性的土壤。

【分布】原产于我国长江中下游地区，台湾有少量分布；日本也有少量分布。我校园林大棚有盆栽。

【观赏价值及应用】叶态优美，花香幽雅，是珍贵的盆花。

158 建兰

Cymbidium ensifolium (L.) Sw.

别名：雄兰、骏河兰、剑蕙、四季兰、秋兰、秋蕙

科属：兰科兰属

【生物学特征】多年生草本。叶 2 ～ 6 片，叶片宽厚，直立如剑，带形，薄革质，弯曲而下垂。花多莛长，花莛直立，通常有花 4 ～ 9 朵，最多可达 18 朵；花瓣较宽，

形似竹叶，浅黄绿色，有清香，苞片长三角形。花期通常为6～10月，果期11月至翌年4月。

【生态习性】喜温暖、湿润和半阴环境，怕强光直射。耐寒性差，越冬温度不低于3℃。不耐水涝和干旱，喜疏松、肥沃和排水良好的腐叶土。

【分布】广泛分布于东南亚和南亚各国。我校校园花圃中有栽培。

【观赏价值及应用】珍贵的盆花，常盆栽，摆设在会堂、书房，供观赏。还可作切花。

159 寒兰

Cymbidium kanran Makino

别名：冬兰

科属：兰科兰属

【生物学特征】多年生草本。假鳞茎狭卵球形。叶3～5片，狭带形，薄革质，暗绿色，略有光泽，叶面较平展，叶背粗糙，叶脉明显向叶背凸起。花莛直立，从假鳞茎基部鞘叶内侧生出；总状花序疏生5～12朵花；花常为淡黄绿色，常有浓烈香气。蒴果狭椭圆形。花期8～12月，果期翌年1～7月。

【生态习性】喜气候温和、光照柔和的环境，忌热怕冷，对空气湿度要求较高。要求环境通风透光，培养土疏松、有机质含量多，不喜浓肥。

【分布】分布在我国福建、浙江、江西、湖南、广东等地；日本也有分布。我校校园花圃中有盆栽。

【观赏价值及应用】株形匀称、协调，茎叶修长，疏密有致，柔中带刚，花朵美艳，叶花共雅，是优良的盆花。

160 墨兰

Cymbidium sinense (Jackson ex Andr.) Willd.

别名：报岁兰、入岁兰、宽叶兰

科属：兰科兰属

【生物学特征】多年生草本。根肉质，假鳞茎卵球形，少数为纺锤形。叶丛生，线状披针形，深绿色，革质，有光泽。花茎通常高出叶面，花序直立，花朵较多，达20朵左右，香气浓郁，花色多变。蒴果。花期1～3月，果期4～10月。

【生态习性】典型的阴生植物，喜阴，忌强光。喜温暖，忌严寒。喜湿，忌燥。喜肥，忌浊。

【分布】原产于中国、越南和缅甸。我校校园花圃中有盆栽。

【观赏价值及应用】新春佳节，正是墨兰开花时节，其清艳含娇，幽香四溢，满室生春，是主要礼仪盆花，花枝也用于插花观赏。

161 蝴蝶兰

Phalaenopsis aphrodite H. G. Reichenbach

别名：蝶兰

科属：兰科蝴蝶兰属

【生物学特征】多年生附生草本。茎短，常被叶鞘所包。叶大，叶片稍肉质，背面紫色，椭圆形。花序侧生于茎的基部，花茎长，达50cm，绿色，一至数个，拱形，常具数朵由基部向顶端逐朵开放的花；花大，蝶状，密生。蒴果，长棒状。花期3～5月，果期6～10月。

【生态习性】喜高温、高湿，不耐寒。最适生长温度白天25～28℃，夜间18～20℃；15℃以下根部停止吸收水分；32℃以上对生长不利。盆栽通常用苔藓、蕨根、树皮块栽植在透气和排水良好的多孔花盆中。要求较高的空气湿度。

【分布】常野生于高温、多湿的热带中、低海拔山林中。我校园林大棚中有盆栽。

【观赏价值及应用】花期较长，色彩艳丽，是优良的盆花，也可作切花。

162 大花蕙兰 *Cymbidium hybridum*

别名：虎头兰、喜姆比兰、蝉兰、西姆比兰、东亚兰、新美娘

科属：兰科兰属

【生物学特征】多年生附生草本。根肉质，淡黄色假鳞茎粗壮，长椭圆形，稍扁。叶片二列，6～8片，长披针形，不同品种叶片长度、宽度差异很大；叶色受光照强弱影响很大。花茎近直立或稍弯曲，花序较长，黄绿色至深绿色，花数一般大于10朵，下方的花瓣特化为唇瓣；花大型，直径6～10cm，花色有白、黄、绿、紫红或带有紫褐色斑纹。蒴果，长棒状。花期2～3月，果期4～10月，需要昆虫传粉或人工授粉才能结实。

【生态习性】喜冬季温暖和夏季凉爽气候，喜高湿、强光的环境。生长适温为10～25℃，夜间温度以10℃左右为宜。

【分布】原产于印度、缅甸、泰国、越南和中国南部等地区。我校园林大棚和校园花圃中有栽培。

【观赏价值及应用】植株挺拔，花茎直立或下垂，花大而多，色彩丰富艳丽，有香味，主要用于盆栽观赏，也可作切花。

163 蓝花楹

Jacaranda mimosifolia D. Don

别名：蓝楹、含羞草叶楹、含羞草叶蓝花楹

科属：紫葳科蓝花楹属

【生物学特征】落叶乔木，高达15m。叶对生，为二回羽状复叶，羽片通常在16对以上；小叶椭圆状披针形至椭圆状菱形，顶端急尖，基部楔形，全缘。花蓝色，花序长达30cm，直径约18cm；花萼筒状，萼齿5；花冠筒细长，蓝色，下部微弯，上部膨大，花冠裂片圆形。蒴果木质，扁卵圆形。花期5～6月，果期7～11月。

【生态习性】喜高温、湿润及阳光充足的环境，不耐阴，过于荫蔽则开花不良。不耐寒，适宜生长温度20～35℃，气温低于12℃则生长缓慢，不宜长期低于5℃。较耐旱，喜土层深厚的土壤。

【分布】原产于巴西、玻利维亚、阿根廷，我国广东（广州）、海南、广西、福建、云南南部（西双版纳）栽培供庭园观赏。我校产教大楼旁边有栽培。

【观赏价值及应用】花、叶、果都别具特色，具有很好的观赏效果。大型羽状复叶，美丽优雅又颇具动感；花蓝色，典雅、清凉，营造出浪漫、静谧的小环境。树形美丽，可作孤赏树、行道树等。

164 鸡蛋花

Plumeria rubra L.

别名：缅栀、三色鸡蛋花
科属：夹竹桃科鸡蛋花属

【生物学特征】落叶小乔木，高约5m，最高可达8m。枝条粗壮，带肉质，具丰富乳汁，绿色，无毛。叶厚纸质，长圆状倒披针形或长椭圆形，基部狭楔形，叶面深绿色，叶背浅绿色，两面无毛。聚伞花序顶生，无毛；总花梗三歧，肉质，绿色；花冠外面白色，花冠筒外面及裂片外面左边略带淡红色斑纹，花冠内面黄色。蓇葖果双生，广歧，圆筒形，向端部渐尖，绿色，无毛。种子斜长圆形，扁平，顶端具膜质的翅。花期5～10月，果期一般为7～12月，栽培极少结果。

【生态习性】喜光照充足和高温、湿润气候，生性强健，稍耐荫蔽。不耐寒，生长适温为23～30℃，越冬温度要求5℃以上。在我国北回归线以南的广大地区露地栽培一般可安全越冬。耐旱，耐碱，忌涝。在肥沃的砂质土壤中生长较好。

【分布】原产于墨西哥，广植于亚洲热带及亚热带地区。我国广东、广西、云南、福建等地有栽培，在云南南部山中有逸为野生的。我校产教大楼区域绿地有栽培。

【观赏价值及应用】花白色黄心、芳香，叶大、深绿色，树冠美观，常栽植供观赏。

165 绣球

Hydrangea macrophylla (Thunb.) Ser.

别名：草绣球、紫绣球、粉团花、八仙花、紫阳花
科属：绣球花科绣球属

【生物学特征】落叶灌木，高1～4m。茎常于基部发出多数放射枝而形成一圆形灌丛。枝圆柱形。叶纸质或近革质，倒卵形或阔椭圆形。伞房状聚伞花序近球形，直径8～20cm，具短的总花梗，花密集，粉红色、淡蓝色或白色；花瓣长圆形，长3～3.5mm。蒴果长陀螺状。花期6～8月，果期9～11月。

【生态习性】喜温暖、湿润和半阴环境。生长适温为18～28℃，冬季不低于5℃。20℃可促进开花，见花后维持16℃能延长观花期，但高温使花朵褪色快。盆土要保持湿润，但浇水不宜过多，雨季要注意排水。为保持花色为粉红色，可在土壤中施用石灰。

【分布】原产于我国和日本，我国长江流域广泛栽培。我校多处有栽培。

【观赏价值及应用】花大色美，是长江流域著名观赏植物。在园林中可配置于稀疏的树荫下及林荫道旁，片植于阴向山坡。因对阳光要求不高，故最适宜栽植于光线较差的小面积庭院中。也适宜植为花篱、花境。

166 野牡丹

Melastoma candidum D. Don

别名：大金香炉、猪古稔、山石榴、豹牙兰

科属：野牡丹科野牡丹属

【生物学特征】常绿灌木，高 0.5 ～ 1.5m，分枝多。茎钝四棱形或近圆柱形。小枝、叶片、叶柄、苞片、花梗、花萼及果密被鳞状平伏糙毛。叶片卵形或广卵形，先端尖，基部浅心形或近圆形。伞房花序生于分枝顶端，近头状，有花 1 ～ 5 朵，稀单生，基部具叶状苞片 2 枚；花瓣玫瑰红色或粉红色，倒卵形，顶端圆形，密被缘毛。蒴果坛状球形，与宿存萼贴生，密被缘毛。种子镶于肉质胎座内。花期 5 ～ 7 月，果期 10 ～ 12 月。

【生态习性】喜温暖、湿润的气候，稍耐旱。适宜在酸性土壤中生长，耐瘠薄，具有很好的抗病虫害能力，管理粗放。

【分布】产于我国云南、广西、广东、福建、台湾；东南亚中南半岛东部也有分布。生于海拔 120m 以下的山坡松林下或开朗的灌草丛中，是酸性土的常见植物。我校心理健康中心前有栽培。

【观赏价值及应用】可孤植或片植、丛植布置园林。花色艳丽，花苞陆续开放，花期可达全年，具有很高的观赏价值。在园林绿化中逐渐推广利用，适合在花坛种植或盆栽。

167 蓝花草

Ruellia simplex C. Wright

别名：芦莉草、翠芦莉

科属：爵床科芦莉草属

【生物学特征】多年生草本，高 1m。地下根茎舒展，其上生有芽，芽向上长出地上苗，易产生不定根，长成新的植株；茎略呈方形，具沟槽，红褐色。单叶对生，线状披针形；叶暗绿色，新叶及叶柄常呈紫红色；全缘或疏锯齿，叶长 8 ～ 15cm，叶宽 0.5 ～ 1.0cm。单花寿命短，晨开夜落。蒴果长形，幼时绿色，熟时褐色、开裂。种子粉末状。花期 3 ～ 10 月，果期 4 ～ 11 月。

【生态习性】喜光，也耐半阴。耐高温、耐水湿，可水边栽植。对土壤要求不严。

【分布】原产于墨西哥。我校心理健康中心前、产教大楼周边等多处有栽培。

【观赏价值及应用】叶如竹叶，秆如翠竹秆，花如牵牛花，夏季开花，花色美丽且花期较长，栽培管理简单，广泛应用于现代园林的花境配置中。

168 蓝雪花

Ceratostigma plumbaginoides Bunge

别名：角柱花、山灰柴、假靛

科属：白花丹科蓝雪花属

【生物学特征】多年生直立草本。每年由地下茎上端接近地面的几个节上生出数个更新枝成为地上茎。叶宽卵形或倒卵形，先端渐尖或偶尔钝圆，基部骤窄而后渐狭或仅为渐狭。花冠筒部紫红色，裂片蓝色、倒三角形。蒴果椭圆状卵形，淡黄褐色。种子红褐色，粗糙，有棱，先端约 1/3 渐细成喙。花期 7 ～ 9 月，果期 8 ～ 10 月。

【生态习性】喜光照，也耐阴，忌烈日暴晒。喜温暖，耐热，生长适温 25℃。较耐高湿，干燥不利于其生长。喜富含腐殖质、偏酸性的砂壤土。

【分布】我国特产，主要分布于华北、华东地区。生于浅山山麓和平地上。我校校园花圃和匠心亭附近有栽培。

【观赏价值及应用】花期长，既可用于园林栽培，也可以盆栽点缀居室阳台，是可推广的园林、家庭兼用的花卉种类。

169 八宝

Hylotelephium erythrostictum (Miq.) H. Ohba

别名：八宝景天、活血三七、对叶景天、白花蝎子草

科属：景天科八宝属

【生物学特征】多年生草本。块根胡萝卜状。茎直立，高 30 ～ 70cm，不分枝。叶对生，少有互生或 3 叶轮生，长圆形至卵状长圆形。伞房花序顶生；花密生，直径约 1cm，花梗稍短或同长；萼片 5，卵形；花瓣 5，白色或粉红色，宽披针形，长 5 ～ 6mm，渐尖。蓇葖果由离生雌蕊发育而来，内含种子。花期 8 ～ 10 月，果期 9 ～ 11 月。

【生态习性】喜强光和干燥、通风良好的环境，忌雨涝积水。在荫蔽处多生长不良，植株不茂盛，枝叶细长、稀疏。耐寒性强，能耐 -20℃的低温。对土壤要求不严，在素砂土、轻黏土中均能正常生长，但在湿润、肥沃、通透性良好的砂壤土中生长最好。喜肥，也较耐贫瘠，有一定的耐盐碱能力，在 pH 8.7、含盐量 0.2% 的土壤中可正常生长。

【分布】分布于中国、朝鲜、日本和俄罗斯。生于海拔 450 ～ 1800m 的山坡草地或沟边。我校校园花圃中有栽培。

【观赏价值及应用】花浅红或白色，作观赏用。可以做圆形、方块、云卷、弧形、扇面等造型，也可用作地被植物，还可布置花坛、花境和点缀草坪、岩石园等。

〇 观形类

170 南洋杉

Araucaria cunninghamii Sweet.

别名：鳞叶南洋杉、尖叶南洋杉、花旗杉、细叶南洋杉

科属：南洋杉科南洋杉属

【生物学特征】常绿乔木。枝轮生。叶鳞形、锥形或阔卵形，螺旋状互生。球花单性异株，稀同株；雄球花大而球果状；雌球花椭圆形或近球形，单生于枝顶。球果成熟时苞鳞木质化并脱落。种子无翅或有与苞鳞结合而生的翅；子叶2，稀4枚。花期10月下旬至11月中旬，果期翌年8月。

【生态习性】喜气候温暖、空气清新湿润以及光照柔和充足，不耐寒，忌干旱。冬季需充足阳光，夏季避免强光暴晒。

【分布】原产于大洋洲，我国广州、厦门等地引种栽培为园林树种。我校文化活动中心旁、经北楼旁及学生宿舍9栋前有栽培。

【观赏价值及应用】树形高大，姿态优美，与雪松、日本金松、巨杉、金钱松被称为“世界五大公园树种”。宜孤植作为园景树或纪念树，也可作行道树，还是珍贵的室内盆栽装饰树种。幼苗盆栽适用于一般家庭的客厅、书房的点缀；也可用于布置各种形式的会场、展览厅。

171 金钱松

Pseudolarix amabilis (J. Nelson) Rehder

别名：金松、荆皮树、落叶松、杉罗树、水树

科属：松科金钱松属

【生物学特征】落叶乔木。小枝有长枝与短枝，当年生枝无毛。叶在长枝上螺旋状散生，在短枝上 15 ～ 30 片簇生，辐射平展，条形或倒披针状条形，扁平，柔软，长 3 ～ 7cm，秋后呈金黄色，上面中脉不隆起，下面沿隆起的中脉有两条气孔带。雌雄同株；雄球花数个簇生于短枝顶端，有梗；雌球花单生于短枝顶端。球果直立，卵圆形，有短柄；种鳞木质，卵状披针形，熟后脱落。花期 4 月，球果 10 月成熟。

【生态习性】喜光，喜温凉湿润气候。喜生于土层深厚、肥沃、排水良好的酸性土山区。

【分布】分布于江苏南部、浙江、福建北部、安徽南部、江西、湖南和湖北西部。我校大门有栽培。

【观赏价值及应用】珍贵的观赏树木，与南洋杉、雪松、日本金松和巨杉合称为“世界五大公园树种”。可孤植、丛植、列植或林植（作风景林）。

172 雪松

Cedrus deodara (Roxb. ex D. Don) G. Don

别名：香柏、喜马拉雅杉

科属：松科雪松属

【生物学特征】常绿乔木。大枝不规则轮生，平展；小枝微下垂，有长枝与短枝，1年生长枝有毛。叶在长枝上螺旋状散生，在短枝上簇生，斜展，长2.5～5cm，每面有数条灰白色气孔线。雌雄同株；雌、雄球花单生于不同长枝上的短枝顶端，直立；雄球花近黄色；雌球花初为紫红色，后呈淡绿色，微被白粉。球果近卵球形至椭圆状卵圆形，直立。种子上端具倒三角形翅。花期10～11月，球果翌年秋季成熟。

【生态习性】喜阳光充足，也稍耐阴。喜凉爽湿润气候。喜土层深厚、排水良好的酸性至微碱性土壤。

【分布】分布于西藏西南部，北京以南地区有栽培。我校环境楼前后、校医院后面、校大门等处有栽培。

【观赏价值及应用】树体高大，树形优美，是世界著名的庭园观赏树种。具有较强的防尘、减噪与杀菌能力，也适宜作工矿企业绿化树种。最适宜孤植于草坪中央、建筑前庭中心、广场中心或主要建筑两旁及公园入口等处。此外，列植于园路的两旁，形成甬道，亦极为壮观。

173 五针松

Pinus parviflora Sieb. et Zucc.

别名：日本五针松、日本五须松
科属：松科松属

【生物学特征】常绿乔木，高达 25m，胸径可达 1m。针叶长 3.5 ～ 5.5cm，微弯，5 针一束。球花单性同株，雄球花聚生于新枝下部，雌球花聚生于新枝端部。球果卵圆形。种子为倒卵形，具三角形种翅，淡褐色。花期 5 月，果期翌年 10 ～ 11 月。

【生态习性】喜光，对光照要求很高。喜欢温暖湿润的环境，栽植土壤不能积水，排水、透气性要好，在阴湿之处生长不良。虽对海风有较强的抗性，但不适于砂地生长。

【分布】原产于日本；我国长江流域等地引种栽培生长缓慢，结实不正常。我校实训工厂、校大门等处有栽培。

【观赏价值及应用】姿态端正，观赏价值很高，既适合庭园点缀布置，又是盆栽或盆景的重要树种。

174 '龙柏'

Sabina chinensis (L.) Ant. 'Kaizuca'

别名：龙爪柏、爬地龙柏、匍地龙柏
科属：柏科刺柏属

【生物学特征】圆柏的栽培品种。常绿小乔木，高可达4～8m。树皮呈深灰色，树干表面有纵裂纹。枝条长大时会呈螺旋伸展，向上盘曲，像盘龙姿态，故而得名。叶大部分为鳞状叶（与圆柏的主要区别），少量为刺形叶，沿枝条紧密排列成十字对生。花（孢子叶球）单性，雌雄异株；花细小，淡黄绿色，并不显著，顶生于枝条末端。浆质球果，表面被一层碧蓝色的蜡粉，内藏2颗种子。花期3～4月，果期8～9月。

【生态习性】喜充足的阳光，喜温暖湿润的环境，抗寒。适宜排水良好的砂质土壤。

【分布】产于我国除东北地区外的广大地区。我校在环境楼前后等处有栽培。

【观赏价值及应用】树形优美，枝叶碧绿青翠，叶片油亮，生长健康旺盛，观赏价值高。移栽成活率高，恢复速度快，是园林绿化中使用最多的灌木。应用于公园、庭园、绿墙和高速公路中央隔离带。

175 罗汉松

Podocarpus macrophyllus (Thunb.) Sweet

别名：罗汉杉、长青罗汉杉、土杉
科属：罗汉松科罗汉松属

【生物学特征】常绿小乔木。树冠广卵形。叶螺旋状互生，排列紧密；条状披针形，先端尖，基部楔形，两面中肋隆起，表面暗绿色，背面灰绿色，有时被白粉。雌雄异株或偶有同株。种子卵形，有黑色假种皮，着生于肉质、膨大的种托上，种托深红色。花期4～5月，种子8～9月成熟。

【生态习性】在半阴环境下生长良好。

不耐严寒，寿命长。

【分布】在我国长江以南各省份均有栽培；在日本也有分布。我校广泛栽培。

【观赏价值及应用】与竹、石组景，极为雅致。盆景树姿葱翠秀雅，苍古矫健，叶色四季鲜绿，有苍劲高洁之感。如附以山石，制作成鹰爪抱石的姿态，更为古雅别致。丛林式罗汉松盆景，配以放牧景观相关摆件，可给人以野趣的享受。

176 樟

Cinnamomum camphora (L.) Presl.

别名：香樟、木樟、乌樟、芳樟树、番樟、香蕊、樟木子

科属：樟科樟属

【生物学特征】常绿大乔木，植株全体均有樟脑香气。树冠广卵形，树皮灰褐色、纵裂。叶互生，卵形至椭圆形，全缘，上面光亮，下面稍灰白色，两面无毛；离基三出脉，脉腋有腺体。圆锥花序，花小，黄绿色。核果小球形，紫黑色，基部有杯状果托。花期5月，果期9～11月。

【生态习性】喜光，喜温暖湿润气候，耐寒性不强。对土壤要求不严。

【分布】广布于我国长江以南各地，以台湾最多；越南、朝鲜、日本也有分布。我校环境楼前的主干道等处有栽培。

【观赏价值及应用】我国南方常见绿化树种，广泛用作庭荫树、行道树。

177 天竺桂

Cinnamomum japonicum Sieb.

别名：大叶天竺桂、竺香、山肉桂、土肉桂

科属：樟科樟属

【生物学特征】常绿乔木。树皮褐色，有香味。叶较大，近对生，硬革质，椭圆状长椭圆形至卵状长椭圆形，全缘，上面榄绿色，下面淡绿色，光亮无毛；3出脉，其间有横向平行细脉。花黄色，圆锥花序，近顶生，短于或与叶等长。果小，椭圆形或长椭圆形，顶端圆而有细尖；果托浅杯状，包着果的基部，边缘有圆齿6枚。花期4～5月，果期9～10月。

【生态习性】喜温暖湿润气候，在排水良好的微酸性土壤上生长最好，也能适应中性土壤。对二氧化硫抗性强。引种应注意幼年期庇荫和防寒，在排水不良处不宜种植。移植时必须带土球，还需适当修剪枝叶。

【分布】分布于江苏、浙江、安徽、江西、福建及台湾等地。我校环境楼、教师公寓及主干道等处有栽培。

【观赏价值及应用】树姿优美，观赏价值高；长势强，树冠扩展快，并能露地过冬；抗污染，病虫害很少。常作行道树或园景树。

‘龙爪’槐

Styphnolobium japonicum ‘Pendula’

别名：垂槐、盘槐

科属：豆科槐属

【生物学特征】槐的芽变品种。落叶乔木。上部枝条盘曲如龙，下部枝条柔软下垂。萌发力强，生长速度快，用槐作砧木嫁接繁殖，砧木高 2 ～ 2.5m，胸径 4 ～ 5cm，定干后嫁接，2 年成苗。花期 7 ～ 8 月，果期 8 ～ 10 月。

【生态习性】喜光，稍耐阴。能适应干冷气候。

【分布】产于我国华北、西北地区。我校学生宿舍 14 栋至 20 栋绿地中有栽培。

【观赏价值及应用】树冠如伞，姿态优美，老树奇特苍古，观赏价值很高，是优良的园林树种。

179 垂柳

Salix babylonica L.

别名：河柳、水柳、垂丝柳

科属：杨柳科柳属

【生物学特征】落叶乔木。小枝细长，下垂，无毛，有光泽，褐色或带紫色。叶矩圆形、狭披针形或条状披针形，先端渐尖或长渐尖，基部楔形，有时歪斜，边缘有细锯齿，两面无毛，下面带白色。花序轴有短柔毛；雄花序长 1.5 ～ 2cm；苞片披针形，背面基部和边缘被长茸毛；雄蕊 2，离生，基部有长柔毛，有 2 腺体；雌花序长达 5cm。蒴果长 3 ～ 4mm，带黄褐色。花期 3 ～ 4 月，果熟期 4 ～ 6 月。

【生态习性】喜光，喜温暖湿润气候及潮湿深厚的酸性至中性土壤。较耐寒，特耐水湿，也能生于土层深厚的高燥地区。适应能力强，在河边、湖岸、堤坝生长最快，萌芽力强。

【分布】分布于全国各地。我校在国旗广场处水池边有栽培。

【观赏价值及应用】枝条细长，生长迅速，自古以来深受人们喜爱。宜配置在水边，如池塘、河流、湖泊等水系沿岸处；与桃间植可形成桃红柳绿之景，是园林春景的特色配置方式之一；也可作庭荫树、行道树等；亦适用于工厂绿化，还是固堤护岸的重要树种。

180 朴树

Celtis sinensis Pers.

别名：香朴、青朴、沙朴

科属：大麻科朴属

【生物学特征】落叶乔木，树冠扁球形。幼枝有短柔毛，后脱落。叶宽卵形、椭圆状卵形，先端短渐尖，基部歪斜，中部以上有粗钝锯齿；基三出脉，下面沿叶脉及脉腋疏生毛，网脉隆起。核果近球形，橙红色，果梗与叶柄近等长。花期4月，果熟期10月。

【生态习性】喜光，不耐阴。适应性强，深根性，萌芽力强，抗风。耐烟尘，抗污染。

【分布】我国淮河流域、秦岭以南有分布。我校环境楼后有栽培，其他各处有野生分布。

【观赏价值及应用】树冠浑圆宽广，树荫浓密，可孤植于草坪或旷地，或列植于街道两旁。用于广场、校园绿化，也颇为合适。移栽成活率高，生长较快，寿命长，成本低，农村四旁绿化可用，也是河网区防风固堤树种。又因其对二氧化硫、氯气等多种有毒气体抗性较强，有较强的吸滞粉尘的能力，常被用于工矿区绿化。

181 榕树

Ficus microcarpa L. f.

别名：赤榕、红榕、细叶榕

科属：桑科榕属

【生物学特征】常绿大乔木。具气生根。叶革质，椭圆形、卵状椭圆形或倒卵形，先端钝尖，全缘或浅波状；基出脉3条，侧脉5～6对。花序托无梗，单生或成对生于叶腋，扁倒卵球形，乳白色，成熟时黄色或淡红色；基部苞片3，雄花、瘿花和雌花生于同一花托中；雄花花被片3～4，雄蕊1；雌花花被片3，花柱侧生，柱头细棒状；瘿花与雌花相似。花期 5 ～ 6 月，果期 7 ～ 8 月。

【生态习性】喜光，喜欢温暖、高湿、长日照、土壤肥沃的生长环境。生长最适宜温度为 20 ～ 25℃；耐高温，30℃以上时也能生长良好；不耐寒，安全的越冬温度为 5℃。耐瘠、耐风、耐剪，抗污染，易移植，寿命长。

【分布】分布在我国广西、广东、福建、台湾、江西南部、云南和贵州；印度、缅甸、马来西亚也有。为福建省的省树，福州、赣州、温州的市树。福州市榕树应用广泛，因此也称“榕城”。我校环境楼前、校大门边、培训楼前等多处有栽培，冰冻天气会受害。

【观赏价值及应用】可作行道树。在华南和西南等亚热带地区可用来美化庭园，从树冠上垂挂下来的气生根能营造热带雨林的景观。还可制作成盆景，装饰庭院、卧室。

182 厚叶榕

Ficus microcarpa L. f. var. *crassifolia*

别名：金钱榕、圆叶榕、圆叶橡皮榕

科属：桑科榕属

【生物学特征】常绿乔木。幼芽红色，具苞片。叶片翠绿，厚革质，形状似铜钱，全缘。隐头花序球形至洋梨状，单生，成熟后黄色或略带红色。果成对腋生，矩圆形，成熟时橙红色。花期 6 ～ 8 月，果期 9 ～ 10 月。

【生态习性】喜温暖、高湿、长日照、土壤肥沃的生长环境，耐瘠、耐风、耐修剪，抗污染，易移植，寿命长。

【分布】我国台湾特有植物，华南各省份有栽培。我校学生宿舍 21 栋旁有栽培。

【观赏价值及应用】树姿富有观赏价值，多栽植为行道树。也适合盆栽或作绿篱，用于庭园美化。

183 黄葛树

Ficus virens Aiton

别名：雀树、大叶榕、马尾榕

科属：桑科榕属

【生物学特征】落叶或半常绿乔木。叶互生，坚纸质，椭圆状矩圆形或卵状矩圆形，先端短渐尖，基部钝或圆形，全缘，侧脉 7 ～ 10 对。花序托单生或成对生于叶腋，近球形，无梗，熟时黄色或红色。花期 5 ～ 8 月，果期 8 ～ 9 月。

【生态习性】喜光，耐旱，耐瘠薄，有气生根，适应能力特别强。

【分布】分布于我国华南和西南地区。我校运动场南侧、设计北楼旁道路等多处有栽培。

【观赏价值及应用】适宜栽植于公园湖畔、草坪、河岸边、风景区，可孤植或群植，为人们提供游憩、纳凉的场所。也可用作行道树。

184 高山榕
Ficus altissima Bl.

别名：马榕、鸡榕、大青树、大叶榕
科属：桑科榕属

【生物学特征】常绿乔木。树冠伞形，树皮灰色，平滑；幼嫩部分稍被微毛，顶芽被银白色毛，有少数气根。叶互生，厚革质，浓绿，广卵形至广卵状椭圆形，顶端钝急尖，基部圆形或钝，全缘，两面无毛；基出脉 3 ～ 5 条，侧脉每边 5 ～ 6 条，明显。隐头花序成对腋生，雄花散生于花序内壁，具梗，雌花无梗。花期 3 ～ 4 月，果期 5 ～ 7 月。

【生态习性】喜光，喜高温多湿气候。耐干旱、瘠薄，抗风，抗大气污染。

【分布】产于海南、广西、云南等。我校九龙驾校有栽培，冬天会受冻害。

【观赏价值及应用】树冠大，可形成“独树成林”的奇观。为极好的城市绿化树种，适合作园景树和遮阴树。

185 厚皮香
Ternstroemia gymnanthera (Wight et Arn.) Beddome

别名：珠木树、猪血柴、水红树
科属：五列木科厚皮香属

【生物学特征】常绿乔木或灌木。树皮光滑，茶褐色。叶互生，革质，矩圆状或倒卵形，基部渐狭而下延，全缘，两面无毛，顶端钝尖。花淡黄色，单独腋生或簇生于小枝顶。果为干燥的浆果状，卵圆形，萼片宿存。花期 5 ～ 6 月，果熟期 10 月。

【生态习性】喜光，喜阴湿环境，较耐寒。喜酸性土。根系发达，抗风力强，生长缓慢。抗污染力强。

【分布】分布于我国南部及西南部。我校教学主楼、控根苗基地等处有栽培。

【观赏价值及应用】树冠浑圆，姿态

优美，树枝平展成层，叶厚光亮。初冬部分叶片由墨绿转绯红，远看似红花满枝，分外鲜艳。适宜配置于门厅两侧、道路角隅、草坪边缘。抗有害气体能力强，是良好的厂矿区绿化树种。

186 九里香

Murraya exotica L. Mant.

别名：九秋香、九树香、七里香、千里香、万里香、过山香

科属：芸香科九里香属

【生物学特征】常绿灌木。羽状复叶，有小叶3～9片；小叶片呈倒卵形或近菱形，全缘，黄绿色，薄革质，上表面有透明腺点。聚伞花序，花白色。浆果近球形，肉质红色。花期7～10月，果熟期10月至翌年2月。

【生态习性】喜温暖，最适宜生长温度为20～32℃，不耐寒。

【分布】产于我国南部各省份及亚洲其他一些热带、亚热带地区。我校校园花圃有栽培。

【观赏价值及应用】树形紧凑、翠绿，花香四溢，观赏价值高。可盆栽、庭院种植或作绿篱。

187 米仔兰

Aglaia odorata Lour.

别名：米兰、树兰、鱼仔兰

科属：楝科米仔兰属

【生物学特征】常绿灌木或小乔木。奇数羽状复叶，有 3 ～ 7 片倒卵圆形的小叶；小叶对生，全缘，叶面深绿色，有光泽；叶柄上有极狭的翅。小型圆锥花序，着生于树端叶腋；开黄色花，花期很长，香气甚浓；每枝着生 70 ～ 100 朵小花，因花很小，直径约 2mm，只有米粒大，故而得名。花期 5 ～ 12 月，果期 7 月至翌年 3 月。

【生态习性】幼苗时较耐荫蔽，长大后偏喜光。喜温暖湿润的气候，怕寒冷。适生于疏松、富含腐殖质的微酸性砂质土中。

【分布】原产于我国华南地区。常生于低海拔山地的疏林或灌木林中。我校园林大棚及校园花圃中有栽培。

【观赏价值及应用】可用于盆栽，既可观叶，又可赏花。为优良的芳香植物，开花季节浓香四溢，可用于布置会场、门厅、庭院及家庭装饰。落花季节又可作为常绿植物陈列于门厅外侧及建筑前。

188 小叶女贞

Ligustrum quihoui Carr.

别名：小叶冬青、小蜡、楝青、小叶水蜡树、千年矮

科属：木犀科女贞属

【生物学特征】常绿灌木。叶片薄革质，形状和大小变异较大，披针形、长圆状椭圆形、椭圆形、倒卵状长圆形至倒披针形或倒卵形。圆锥花序顶生，近圆柱形，白色。果近球形，熟时黑色。花期 5 ～ 7 月，果期 8 ～ 11 月。

【生态习性】喜光，略耐阴。喜温暖湿润气候，也较耐寒。适生于土壤湿润之处，在干燥处生长不良。对土壤要求不严，除盐碱土外，中性土、石灰性土、微酸性土均能生长。萌生力强，极耐修剪。

【分布】产于我国中部、东部和西南

部。溪谷水边较为常见。我校运动场周边、图书馆后面、文旅楼后面等处有栽培，自播能力强，校园各处均有野生，长势旺盛。

【观赏价值及应用】枝叶紧密、圆整，在庭院中常作绿篱栽植；抗多种有毒气体，是优良的抗污染树种。

189 ‘金森’女贞

Ligustrum japonicum ‘Howardii’

别名：‘哈娃蒂’女贞

科属：木犀科女贞属

【生物学特征】常绿灌木或小乔木。叶对生，革质，厚实，有肉感；春季新叶鲜黄色，至冬季转为金黄色。花白色。果实紫色。花期6～7月，果熟期10～11月。

【生态习性】耐热性强，耐寒性强，对土壤的要求不严格。

【分布】原种分布于日本本州、四国、九州及我国台湾。我校经北楼侧面有栽培。

【观赏价值及应用】长势强健，萌发力强，底部枝条与内部枝条不易凋落，对病虫害、火灾、煤烟、风雪等有较强的抗性，是非常好的自然式绿篱材料。株形紧凑，叶片宽大、质感良好，在欧美和日本尤其受人们欢迎。叶片金黄色，也是很好的色叶植物。

190 女贞

Ligustrum lucidum Ait.

别名：女桢、桢木、将军树、大叶女贞

科属：木犀科女贞属

【生物学特征】半常绿灌木或小乔木，一般高 3 ～ 5m，最高可达 10m。幼枝及叶柄无毛或有微小短柔毛，有皮孔。叶纸质，椭圆状披针形至披针形，长 5 ～ 15cm，渐尖，基部通常宽楔形；下面主脉明显隆起，侧脉 8 ～ 14 对。圆锥花序长 7 ～ 16cm，有短柔毛；花梗短，花冠筒和花冠裂片略等长；花药和花冠裂片略等长。核果椭圆状，长 7 ～ 10mm，蓝黑色。花期 6 ～ 7 月，果熟期 10 ～ 11 月。

【生态习性】喜光，也耐阴。喜温暖湿润气候，耐寒，耐水湿。对土壤要求不严，以砂质壤土或黏质壤土栽培为宜。

【分布】主要分布于江苏、浙江、江西、安徽、山东、四川、贵州、湖南、湖北、广东、广西、福建等地。我校校园花圃外有栽培。

【观赏价值及应用】枝叶清秀，树姿优美，终年常绿，夏日满树白花，是游园和庭院的优良绿化树种。对多种有毒气体抗性较强，也可作为工矿区的抗污染树种。

191 棕榈

Trachycarpus fortunei (Hook.) H. Wendl.

别名：并榈、棕树、唐棕、唐棕榈、山棕、棕耙树

科属：棕榈科棕榈属

【生物学特征】常绿乔木，高达 10m。常残存有老叶柄及其下部的叶鞘。叶簇生于顶，形如扇，掌状裂深达中下部。雌雄异株，圆锥状肉穗花序。核果肾状球形。花期 4 月，果期 12 月。

【生态习性】喜光。喜温暖湿润气候，耐寒性极强，可忍受 -14℃的低温。

【分布】原产于我国，除西藏外，秦岭以南地区均有分布，是我国栽培历史较久的棕榈类植物之一。我校校园花圃外、文旅楼后、学生宿舍 8 栋后、校大门等处均有栽培。

【观赏价值及应用】树姿挺拔秀丽，呈现一派南国风光。可列植、丛植或成片栽植。

192 蒲葵

Livistona chinensis (Jacq.) R. Br.

别名：扇叶葵、葵扇叶

科属：棕榈科蒲葵属

【生物学特征】常绿乔木，高达 20m。叶扇形，长 1.2 ～ 1.5m，宽 1.5 ～ 1.8m，掌状浅裂至全裂。肉穗花序腋生，花两性。核果椭圆形。花期 4 月，果期 12 月。

【生态习性】耐阴。喜高温多湿，耐寒能力差，能耐短期 0℃低温及轻霜。

【分布】我国特产，原产地秦岭至淮河以南。我校环境楼后、文旅楼后和校大门前等多处有栽培。

【观赏价值及应用】丛植或行植，作行道树及背景树，也可用于厂区绿化。小树可盆栽观赏。

193 丝葵

Washingtonia filifera (Lind. ex Andre) H. Wendl.

别名：华盛顿棕榈、加州蒲葵、华棕、老人葵、华盛顿椰子

科属：棕榈科丝葵属

【生物学特征】常绿乔木。树干粗壮通直，近基部略膨大，树冠以下被以垂下的枯叶。叶簇生于顶，掌状中裂，边缘具有白色丝状纤维。肉穗花序，多分枝；花小，白色。核果椭圆形，熟时黑色。花期7月，果期12月。

【生态习性】喜温暖、湿润、向阳的环境。较耐寒，在短暂的-5℃低温下不会造成冻害。

【分布】原产于美国加利福尼亚州、亚利桑那州，以及墨西哥等。我校生态湖边有栽培。

【观赏价值及应用】叶裂片间具有白色纤维丝，似老翁的白发，又名“老人葵”。树冠优美，叶大如扇，生长迅速，四季常青，是热带、亚热带地区重要的绿化树种。宜孤植于庭院中，或列于植于大型建筑前及道路两旁。

194 棕竹

Rhapis excelsa (Thumb.) Henry ex Rehd.

别名：小棕竹、筋头竹、棕榈竹、矮棕竹

科属：棕榈科棕竹属

【生物学特征】丛生常绿灌木状。茎直立，高1～3m，纤细如手指，不分枝，有叶节，包以有褐色网状纤维的叶鞘。叶集生于茎顶，掌状，深裂几达基部。肉穗花序腋生，淡黄色，雌雄异株。浆果球形。花期4～5月，果期10～12月。

【生态习性】喜温暖湿润及通风良好的半阴环境，不耐积水，极耐阴。

【分布】原产于广东、云南等地，广泛栽培。我校文旅楼后、校大门前有栽培。

【观赏价值及应用】丛生挺拔，枝叶繁茂，姿态潇洒，叶形秀丽，四季青翠，

似竹非竹，美观清雅，富有热带风光，为栽培较广泛的室内观叶植物。丛植于庭院内大树下或假山旁，可构成热带山林的景观。也可盆栽。

多裂棕竹

Rhapis multifida Burret

别名：金山棕、多裂小棕竹、多裂叶棕竹

科属：棕榈科棕竹属

【生物学特征】常绿灌木，高 1 ～ 1.5m。茎丛生。叶扇形，掌状深裂，裂片 25 ～ 35 片，边缘有小齿，两侧及中间 1 片最宽，有 2 条纵向平行脉，其余裂片有 1 条纵向叶脉；叶柄边缘有淡黄色密茸毛。果椭圆形。花期 4 ～ 5 月，果期 10 ～ 12 月。

【生态习性】喜温暖湿润和通风良好的环境。生长适温为 20 ～ 30℃，稍耐寒，可耐 0℃左右的低温。宜排水良好、富含腐殖质的砂壤土。

【分布】产于我国云南南部，华南及东南地区有引种。我校校园花圃、主楼前有栽培。

【观赏价值及应用】植株秀丽，叶裂片细而匀称，多于庭园栽培或制作大型盆景。

196 江边刺葵
Phoenix roebelenii O' Brien

别名：软叶刺葵、美丽珍葵、罗比亲王海枣、美丽针葵

科属：棕榈科海枣属

【生物学特征】常绿灌木。茎丛生，栽培时常单生，有宿存的三角状叶柄基部。叶羽状全裂，长约1m，稍弯曲下垂，裂片狭条形，长20～30cm，宽约1cm，较柔软。雌雄异株，肉穗状花序生于叶腋。花期4～5月，果期6～9月。

【生态习性】喜光，喜湿润、肥沃土壤。

【分布】原产于印度、缅甸、泰国及中国云南西双版纳等地。广东有栽培。我校校园花圃、学生宿舍17栋东侧等处有栽植。

【观赏价值及应用】树姿优美，枝叶繁茂，叶形秀丽，姿态潇洒，四季青翠，富有热带风光，是道路和庭院绿化的良好树种。可于花坛、花带丛植、行植或与景石配置，也可盆栽摆设。

197 加拿利海枣
Phoenix canariensis Chabaud

别名：长叶刺葵、加拿利刺葵、槟榔竹

科属：棕榈科海枣属

【生物学特征】常绿乔木，高可达10～15m，粗可达60～80cm。叶大型，长可达4～6m，呈弓状弯曲，集生于茎端；单叶，羽状全裂，叶柄基部的叶鞘残存在茎上，形成稀疏的纤维状棕片。肉穗花序从叶间抽出，花小。果实卵状球形。花期5月，果期9～10月，自然结实率低。

【生态习性】耐热、耐寒性均较强，成龄树能耐受-10℃低温。

【分布】原产于非洲西岸的加拿利岛。1909年引种到中国台湾，20世纪80年代引入中国大陆。我校主楼前有栽植。

【观赏价值及应用】树形优美舒展，富有热带风韵。既可盆栽，也可室外露地栽植。无论是行列种植还是丛植，都有很好的观赏效果。

198 银海枣

Phoenix sylvestris Roxb.

别名：中东海枣

科属：棕榈科海枣属

【生物学特征】高大乔木。株高 10 ～ 16m，胸径 30 ～ 33cm，茎具宿存的叶柄基部。叶长 3 ～ 5m，羽状全裂，灰绿色，叶轴无毛；羽片剑形，下部羽片针刺状；叶柄较短，叶鞘具纤维，叶柄基部的棕蓑少。花期 5 月，果期 9 ～ 10 月。

【生态习性】喜阳光。耐高温，耐霜冻。耐水淹，耐干旱，耐盐碱。对土壤要求不严，但以土质肥沃、排水良好的有机壤土最佳。

【分布】原产于阿拉伯地区。我校大门前、设计南楼后有栽植。

【观赏价值及应用】植株高大，形态优美。大型羽状叶片向四方开张，形态如苏铁，为极具观赏价值的羽状叶棕榈植物。可孤植作景观树，或列植为行道树，还可三五群植造景。

199 假槟榔

Archontophoenix alexandrae (F. Muell.) H. Wendl. et Drude

别名：亚历山大椰子

科属：棕榈科假槟榔属

【生物学特征】常绿乔木，高达 10 ～ 25m。叶羽状全裂，生于茎顶，羽片 2 列。圆锥花序生于叶鞘下，白色。果实卵球形，红色。花期 4 月，果期 5 ～ 7 月。

【生态习性】喜高温，耐寒力稍强，能耐 5 ～ 6℃的长期低温及极短 0℃左右低温。抗风力强，宜植于房屋南面背风向阳处。

【分布】原产于澳大利亚，我国福建、台湾、广东、海南、广西、云南有栽培。我校经北楼前有栽培。

【观赏价值及应用】在华南地区常植于庭园或作行道树。3 ～ 5 年生的幼株可用大盆栽植，于展厅、会议室、会场等处陈列。

200 散尾葵

Dypsis lutescens (H. Wendl.) Beentje et J. Drans f.

别名：黄椰子、紫葵

科属：棕榈科金果椰属

【生物学特征】丛生常绿灌木或小乔木。茎光滑。叶片细长，长 40 ～ 150cm，羽状全裂，裂片条状披针形，左、右两侧不对称，叶面光滑。肉穗花序圆锥状，花小，金黄色。果近圆形。花期 5 月，果期 8 月。

【生态习性】喜温暖湿润、半阴且通风良好的环境。较耐阴，畏烈日。不耐寒，越冬最低温要在 10℃以上。适宜生长在疏松、排水良好、富含腐殖质的土壤。

【分布】原产于非洲的马达加斯加岛，世界各热带地区多有栽培。我校行政楼附近、花卉生产基地、校园花圃有栽植。

【观赏价值及应用】耐阴性强，于室内摆放能够有效去除空气中的有害物质。在热带地区，多作观赏树栽种于草坪、树荫下、宅旁；在北方地区，主要用于中、小型盆栽，是布置会议室、客厅、餐厅、书房、卧室或阳台的高档观叶植物。

地肤

Bassia scoparia (L.) A. J. Scott

别名：扫帚苗（地肤变形）、扫帚菜、观音菜、孔雀松

科属：苋科沙冰藜属

【生物学特征】一年生草本。株丛紧密，株形卵圆形至圆球形、倒卵形或椭圆形，分枝多而细，具短柔毛，茎基部半木质化。单叶互生，叶线状披针形或条形。穗状花序，开红褐色花，花极小。果实扁球形。花期6～9月，果期7～10月。

【生态习性】适应性较强，喜温、喜光，耐干旱，不耐寒。对土壤要求不严格，较耐碱性土壤。疏松、富含腐殖质的壤土利于其旺盛生长。

【分布】原产于欧洲及亚洲中部和南部地区。我校产教大楼和新图书馆周边有栽培。

【观赏价值及应用】植株嫩绿，秋季叶色变红。常用于布置花篱、花境或数株丛植于花坛中央，也可修剪成各种几何造型进行布置。

202 榉树

Zelkova serrata (Thunb.) Makino.

别名：光叶榉

科属：榆科榉属

【生物学特征】乔木，高达30m，胸径1m。树皮灰白或褐灰色，不规则片状剥落。1年生枝疏被短柔毛，后渐脱落。叶卵形、椭圆形或卵状披针形，长3～10cm，先端渐尖或尾尖，基部稍偏斜，圆或浅心形，稀宽楔形；叶柄长2～6mm，被柔毛。雄花梗极短，花径约3mm，花被裂至中部，不等大，被细毛；雌花近无梗，花径约1.5mm，花被片4～5(6)，被细毛。核果斜卵状圆锥形，具背腹脊，网肋明显。花期4月，果期10月。

【生态习性】喜光，喜温暖环境。忌积水，不耐干旱和贫瘠。对土壤的适应性强，在酸性土、中性土、碱性土及轻度盐碱土均可生长。喜土层深厚、肥沃、湿润的酸性、中性土壤。山地成片造林时可选山麓、山谷或其他地势较平缓之处；城镇绿化时若土壤不良，可采用客土栽植。深根性，侧根广展，抗风力强。耐烟尘及有害气体。

【分布】分布于中国、日本和朝鲜。生于海拔500～1900m河谷、溪边疏林中。在华东地区常有栽培。我校生态湖边有栽培。

【观赏价值及应用】树姿端庄，高大雄伟，秋叶变成褐红色，是观赏秋叶的优良树种。可孤植、丛植于公园、广场的草坪和建筑旁。

203 '黄金'香柳

Melaleuca bracteata F. Muell. 'Revolution Gold'

别名：千层金、黄金串钱柳

科属：桃金娘科白千层属

【生物学特征】常绿乔木，高达6～8m。树冠锥形，主干直立，树皮纵裂，枝条密集、细长、柔软，嫩枝红色。叶互生，金黄色，窄卵形至卵形，长10～28mm，宽1.5～3mm；叶尖锐尖到尖，叶脉5～11，叶无毛或偶有软毛，无叶柄，具芳香。穗状花序由尖状花组成，长1.5～3.5cm，花轴被软毛，同一苞片内有花1～3朵，花瓣近圆柱形，绿白色，长1.5～2mm；每束雄蕊16～25枚。果实为蒴果，近球形，果径2～3mm，具有一个直径2mm的孔，萼片宿存。花期4～5月，果期6月至翌年3月。

【生态习性】喜温暖湿润气候，能耐42℃的高温，也有比较强的耐低温能力（能够忍耐-10℃的低温）。既抗旱，又抗涝，可在水边生长。深根性树种，适应土质范围很广，耐土壤贫瘠，但以肥沃、疏松、透气保水的砂壤土最为适合。

【分布】原产于荷兰、新西兰等濒海国家。适宜我国南方大部分地区栽培。我校图书馆周边有栽培。

【观赏价值及应用】著名的形色兼赏树种，广泛用于庭园、道路、居住区绿化，还可修剪成球形、伞形、金字塔形等各式各样的形状点缀园林空间；也适于海滨及人工填海造地的绿化造景或用于防风固沙。

〇 观叶类

204 苏铁

Cycas revoluta Thunb.

别名：铁树、避火蕉

科属：苏铁科苏铁属

【生物学特征】常绿棕榈状木本植物，茎高 1 ～ 8m。叶从茎顶部长出，一回羽状复叶，长 0.5 ～ 2.0m，厚革质，坚硬，羽片条形。雌雄异株，雄球花圆柱形，雌球花扁球形，大孢子叶宽卵形，上部羽状分裂，其下方两侧生有 2 ～ 4 个裸露的直生胚珠。种子核果状，熟时红褐色或橘红色。花期 6 ～ 8 月，果实 12 月成熟。

【生态习性】喜暖热湿润的环境，不耐寒冷。生长甚慢，寿命约 200 年。在我国热带及亚热带南部树龄 10 年以上的苏铁几乎每年开花结实，而长江流域及北方各地栽培的苏铁常终生不开花，或偶尔开花结实。

【分布】分布于福建、广东，全国普遍栽培；日本、印度尼西亚也有分布。我校主要绿化地带均有栽培，能正常开花结实。

【观赏价值及应用】树形古雅，主干粗壮、坚硬如铁，羽叶光洁滑亮、四季常青，为珍贵的观赏树种。在南方多植于庭前阶旁及草坪内；在北方宜作大型盆栽，布置于庭院屋廊及厅室，颇为美观。

205 银杏

Ginkgo biloba L.

别名：白果树、公孙树

科属：银杏科银杏属

【生物学特征】落叶乔木。树皮灰褐色，枝有长枝与短枝。叶片扇形，有长柄，有多数二叉状并列的细脉；叶缘波状，有时中央浅裂或深裂。雌雄异株，稀同株。种子核果状，椭圆形至近球形，长 2.5 ～ 3.5cm；外种皮肉质，有白粉，熟时淡黄色或橙黄色。花期 4 ～ 5 月，果熟期 9 ～ 10 月。

【生态习性】喜光，深根性，对气候、土壤的适应性较广，能在高温多雨及雨量稀少、冬季寒冷的地区生长，但生长缓慢或不良。能生于酸性土壤（pH 4.5）、石灰性土壤（pH 8）及中性土壤上。

【分布】我国特产，普遍栽培。我校文旅楼后、校大门前绿地、网球场南侧等处有栽培。

【观赏价值及应用】树形优美，春、夏季叶色嫩绿，秋季叶片变成黄色，颇为美观，可作庭园树及行道树。

206 池杉

Taxodium distichum var. *imbricatum* (Nuttall) Croom

别名：池柏、沼落羽松

科属：柏科落羽杉属

【生物学特征】落叶乔木。树干基部膨大，常有屈膝状呼吸根；树皮褐色，纵裂，长条状脱落。枝向上展，树冠常较窄，呈尖塔形；当年生小枝绿色，细长，常略向下弯垂。叶多钻形，略内曲，多为2列羽状。球果圆球形或长圆状球形，有短梗。种子不规则三角形，略扁，红褐色，边缘有锐脊。花期3月，果实10～11月成熟。

【生态习性】喜光，不耐庇荫。速生，抗风，怕盐碱土，耐积水。

【分布】原产于北美沼泽地。我校环境楼后、生态苑等处有栽培。

【观赏价值及应用】树形婆娑，枝叶秀丽，秋叶棕褐色，是观赏价值很高的园林树种。在园林中孤植、丛植、片植，也可列植作为行道树。

207 落羽杉

Taxodium distichum (L.) Rich.

别名：落羽松

科属：柏科落羽杉属

【生物学特征】落叶乔木。在原产地株高可达 50m，胸径可达 2m。生叶的侧生小枝排成 2 列。叶线形，扁平，基部扭曲，在小枝上为 2 列羽状。球果圆形或卵圆形，有短梗，向下垂，成熟后淡褐黄色，有白粉，直径约 2.5cm。种鳞木质，盾形，顶部有沟槽；种子为不规则三角形，有短棱。花期 3 月，果实 9 ～ 10 月成熟。

【生态习性】强喜光，适应性强，耐低温、干旱、涝渍和土壤瘠薄。抗污染，抗台风，且病虫害少，生长快。

【分布】原产于北美，我国广东、浙江、上海、江苏、湖北、江西及河南等地引种栽培。我校环境楼后有栽培。

【观赏价值及应用】枝叶茂盛，羽毛状的叶丛极为秀丽，是优美的庭园、道路绿化树种。入秋后树叶变为古铜色，落叶较迟，是良好的秋叶观赏树种。常栽种于平原地区及湖边、河岸、水网地区。

208 水杉

Metasequoia glyptostroboides Hu et W. C. Cheng

别名：水桫

科属：柏科水杉属

【生物学特征】落叶乔木。树皮灰褐色或深灰色，裂成条片状脱落。小枝对生或近对生，下垂。叶交互对生，在绿色的侧生小枝上排成羽状 2 列，线形，柔软，几乎无柄，上面中脉凹下，下面沿中脉两侧有 4 ～ 8 条气孔线。雌雄同株，雄球花单生于叶腋或苞腋，雌球花单生于侧枝顶端。球果下垂，当年成熟；果蓝色，近球形或长圆状球形，微具四棱，熟时深褐色。种子倒卵形，扁平，周围有窄翅，先端有凹缺。花期 2 月下旬，球果 11 月成熟。

【生态习性】喜光，耐盐碱，对二氧化硫有一定的抵抗能力，生长快。

【分布】我国特产，仅分布于重庆石柱土家族自治县，湖北利川市磨刀溪、水杉坝一带，以及湖南西北部龙山和桑植等海拔 750 ～ 1500m、气候温和、夏秋多雨的酸性黄壤土地区。我国各地普遍引种，北至辽宁草河口、辽东半岛，南至广东广州，东至江苏、浙江，西至云南昆明、四川成都、陕西武功。我校环境楼后、教师宿舍 1 栋东侧、校医院前等处有栽培。

【观赏价值及应用】“活化石”树种，秋叶观赏树种。在园林中最适于列植，也可丛植、片植。可用于堤岸、湖滨、池畔、庭院等绿化，也可栽于建筑前或作行道树。还是工矿区绿化的优良树种。

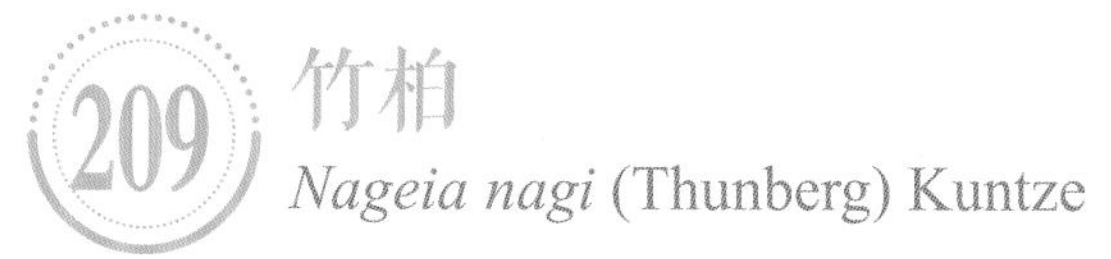

209 竹柏

Nageia nagi (Thunberg) Kuntze

别名：罗汉柴

科属：罗汉松科竹柏属

【生物学特征】常绿乔木或作灌木栽植，高可达20m。树皮近平滑，红褐色或暗紫红色，枝条开展或伸展，树冠广圆锥形。叶对生，革质，长卵形、卵状披针形或披针状椭圆形，有多数并列的细脉，上面深绿色、有光泽，下面浅绿色。雄球花单生于叶腋，雌球花单生于叶腋或稀成对腋生。种子圆球形，成熟时假种皮暗紫色，有白粉，骨质外种皮黄褐色。花期3～4月，种子10月成熟。

【生态习性】较耐阴，不耐阳光直射。喜温暖、湿润，抗寒性弱，生长的最佳温度为18～26℃。喜疏松、肥沃、湿润、呈酸性的砂壤土至轻黏土。

【分布】国内分布于浙江、福建、江西、湖南、广东、广西、四川等地，国外见于日本。我校主楼前、教师公寓、学生宿舍前等处有栽培。

【观赏价值及应用】叶色翠绿，叶面富有光泽，树冠挺拔美观，叶片和树皮能常年散发缕缕浓味，具有净化空气、抗污染和强烈驱蚊的效果，常用于公园、小区、庭院、街旁绿地等绿化。其枝条耐蟠扎，也是常见盆景和造型植物。

210 红叶石楠

Photinia × *fraseri* Dress

别名：火焰红、千年红、红罗宾、红唇、酸叶石楠

科属：蔷薇科石楠属

【生物学特征】蔷薇科石楠属杂交种。常绿小乔木或灌木，高可达5m。幼枝呈棕色，贴生短毛；后呈紫褐色至灰色，无毛。叶革质，长圆形至倒卵状披针形，叶端渐尖，叶缘有带腺的锯齿。复伞房花序，花白色。梨果黄红色。花期5～7月，果期9～10月。

【生态习性】喜温暖湿润环境，光照充足时叶色明亮鲜艳，也有较强耐阴能力。耐干旱，耐修剪。对土壤要求不严，耐瘠薄，适合在微酸性土壤中生长。

【分布】主要分布在亚洲东南部与东部和北美洲的亚热带与温带地区，我国许多省份已广泛栽培。我校在道路两旁绿篱、花坛和花池等处有成片种植。

【观赏价值及应用】春季新叶叶色鲜红，且生长强健、耐修剪，园林中应用广泛。

‘紫叶’李

Prunus cerasifera ‘Atropurpurea’

别名：红叶李

科属：蔷薇科李属

【生物学特征】灌木或小乔木，高可达 8m。多分枝，枝条暗灰色，有时有棘刺。叶片椭圆形、卵形或倒卵形，紫红色，边缘有圆钝锯齿，有时混有重锯齿。花 1 朵，稀 2 朵；萼筒钟状，紫红色，花瓣白色。核果近球形或椭圆形，红色，微被蜡粉。花期 4 月，果期 8 月。

【生态习性】喜阳光充足、温暖湿润环境。不耐干旱，较耐水湿。对土壤适应性强，在肥沃、疏松、排水良好的酸性至中性黏质土壤中生长最佳。

【分布】原产于亚洲西南部，中亚、伊朗、小亚细亚、巴尔干半岛均有分布。我国华北及其以南地区广为种植。我校在主楼前、学生宿舍楼间绿地均有片植。

【观赏价值及应用】应用普遍的观叶植物，叶常年紫红色，多在绿地中成片种植，或于建筑前、园路旁、草坪角隅处三五丛植。

台湾相思

Acacia confusa Merr.

别名：相思树

科属：豆科相思树属

【生物学特征】常绿乔木，高达 6 ～ 15m。枝灰色或褐色，无刺。第一片真叶为羽状复叶，后小叶退化，叶柄变为叶状柄；叶状柄革质，披针形，直或微呈弯镰状，有明显的纵脉。头状花序球形，单生或 2 ～ 3 个簇生于叶腋；花金黄色，有微香。荚果扁平，干时深褐色。种子椭圆形。花期 3 ～ 10 月，果期 8 ～ 12 月。

【生态习性】喜温暖湿润气候，不耐寒。对土壤要求不严，极耐干旱和瘠薄。

【分布】我国台湾、福建、广东、广西、云南等地分布广泛；菲律宾、印度尼西亚、斐济也有分布。我校在运动场西侧种植了 2 株，长势较好。

【观赏价值及应用】叶状柄奇特，树冠荫绿，在园林中常作园景树和行道树。因其抗性强、耐瘠薄，也可作防风护坡树，是荒山造林、水土保持和沿海防护林的重要树种。

213 花叶青木

Aucuba japonica var. *variegata* Dombrain

别名：洒金桃叶珊瑚

科属：丝缨花科桃叶珊瑚属

【生物学特征】青木的变种。常绿灌木，高可达1.5m。小枝对生。叶厚革质，叶片卵状椭圆形或长圆状椭圆形，叶面光亮，具大小不等的金黄色（稀淡黄色）斑点。圆锥花序顶生。浆果长卵圆形，成熟时暗紫色或黑色。花期3～4月，果期翌年4月。

【生态习性】喜光照充足环境，也耐半阴。适宜生长温度为15～25℃，也耐高温和−5℃低温。喜疏松、肥沃的土壤。

【分布】我国各大、中城市公园及庭园中均引种栽培为观赏植物。我校在生态科教馆、风雨球场旁等处有栽植。

【观赏价值及应用】叶色光亮，叶面黄色斑点似洒金状，故而得名。在园林中常用作地被植物，或在庭院角隅处种植。

214 八角金盘

Fatsia japonica (Thunb.) Decne. et Planch.

别名：无

科属：五加科八角金盘属

【生物学特征】常绿灌木或小乔木，高可达5m。茎粗壮。叶掌状7～9深裂，革质，近圆形，基部心形，分裂至中部以下为矩卵圆形，先端渐尖，表面暗绿色，有光泽，背面淡绿色，边缘有齿牙或为波状，有时为金黄色。圆锥花序顶生，花瓣5，黄白色。果实近球形，熟时黑色。花期10～11月，果期翌年4月。

【生态习性】喜温暖湿润的气候，耐阴，不耐干旱，有一定耐寒力。喜排水良好的砂质壤土。

【分布】分布于日本南部，中国华北、华东及云南昆明。我校大门前绿地和运动场旁等处均有栽培。

【观赏价值及应用】叶片硕大，叶形优美，四季常绿，是优良的观叶植物。对二氧化硫抗性较强，适于工矿区种植。叶片也可作插花的配叶。

215 常春藤

Hedera nepalensis var. *sinensis* (Tobl.) Rehd.

别名：土鼓藤、钻天风、三角风

科属：五加科常春藤属

【生物学特征】常绿攀缘灌木。茎灰棕色或黑棕色，有气生根。单叶互生，叶片革质；在不育枝上通常为三角状卵形或三角状长圆形，稀心形，边缘全缘或3裂；花枝上的叶片通常为椭圆状卵形至椭圆状披针形，略歪斜而带菱形，稀卵形或披针形，全缘或有1～3浅裂；叶柄细长。伞形花序单个顶生，花淡黄白色或淡绿白色。果实球形，红色或黄色。花期9～11月，果期翌年3～5月。

【生态习性】耐阴，也能生长在全光照的环境中。喜温暖湿润气候，不耐寒。对土壤要求不严，喜湿润、疏松、肥沃的土壤。

【分布】国内分布范围广，南至广东、北至甘肃均有分布；国外可见于越南。我校生态苑内有野生分布。

【观赏价值及应用】室外可用于攀缘假山、岩石，或在建筑阴面作垂直绿化材料，也是室内垂吊栽培、组合盆栽的常见植物。

216 鹅掌柴

Heptapleurum heptaphyllum (L.) Y. F. Deng

别名：鸭脚木、大叶伞

科属：五加科鹅掌柴属

【生物学特征】乔木或灌木，高 2 ～ 15m。掌状复叶，小叶 6 ～ 10，纸质至革质，椭圆形、长圆状椭圆形或倒卵状椭圆形，幼时密生星状短柔毛，全缘。圆锥花序顶生，花白色，芳香。果实球形，黑色。花期 11 ～ 12 月，果期 12 月。

【生态习性】对光照的适应范围广，在全日照至半阴环境下均能生长。喜温暖湿润环境，生长适温为 16 ～ 27℃，冬季温度不低于 5℃。适生于土质深厚、肥沃的酸性土中，稍耐瘠薄。

【分布】广布于我国西藏（察隅）、云南、广西、广东、浙江、福建和台湾；日本、越南和印度也有分布。我校各类绿地中有栽培。

【观赏价值及应用】在绿地中常作地被或绿篱栽植，或在庭院中孤植、三五丛植等。也可用于室内中型或大型盆栽，布置于客厅、书房或宾馆大厅、图书馆等角隅处。

217 幌伞枫

Heteropanax fragrans (Roxb.) Seem.

别名：五加通、心叶幌伞枫

科属：五加科幌伞枫属

【生物学特征】常绿乔木，高可达 30m。三至五回羽状复叶，长达 1m；小叶对生，纸质，椭圆形，无毛，全缘。伞形花序密集排成大圆锥花序；花瓣 5，镊合状排列。果球形、卵形或扁球形。种子2，扁平。花期10～12月，果期翌年2～3月。

【生态习性】喜光，也耐阴。喜温暖湿润气候，不耐寒，能耐5～6℃低温，但不耐0℃以下低温。较耐干旱、贫瘠，但以肥沃、湿润的土壤为宜。

【分布】分布于我国云南、广西、海南、广东等地；缅甸也有分布。我校生态湖边有栽培。

【观赏价值及应用】树冠圆整，羽叶大而奇特，大树可作庭荫树或行道树，幼年植株可用于室内盆栽观赏，彰显热带风情。

218 珊瑚树

Viburnum odoratissimum Ker.-Gawl.

别名：早禾树、极香荚蒾

科属：五福花科荚蒾属

【生物学特征】常绿灌木或小乔木，高达10～15m。枝灰色或灰褐色，有凸起的小瘤状皮孔。叶对生，长椭圆形或倒披针形，表面暗绿色、光亮，背面淡绿色，边缘波状或具有粗钝齿，近基部全缘。圆锥花序顶生或生于侧生短枝，花冠无毛，白色，后黄白色，芳香。果熟时红色，后黑色，卵圆形或卵状椭圆形。花期4～5月，果熟期7～9月。

【生态习性】喜温暖湿润和阳光充足环境，较耐寒，稍耐阴。适生于潮湿、肥沃的中性土壤。

【分布】分布于我国福建东南部、湖南南部、广东、海南和广西；印度东部、缅甸北部、泰国和越南也有分布。我校在通信楼后种植了一排，作高篱起围挡作用，在学生宿舍14栋附近也作绿篱种植。

【观赏价值及应用】枝繁叶茂，遮挡效果好，且耐修剪，因此广泛用作绿篱、绿墙或丛植材料；又因其对有毒气体具有较强的抗性和吸收能力，常用于高速公路、厂区等绿化和防护林带中。

219 枫香树

Liquidambar formosana Hance

别名：路路通

科属：蕈树科枫香树属

【生物学特征】落叶乔木，高可达30m。树皮灰褐色，方块状剥落。小枝干后灰色。叶互生，薄革质，宽卵形，掌状3裂，中央裂片较长，先端尾状渐尖，两侧裂片平展，基部心形；上面绿色，干后灰绿色，不发亮，下面有短柔毛；边缘有锯齿，齿尖有腺状突；托叶线形，早落。短穗状雄花序多个组成总状，头状雌花序具花24～43朵。头状果序圆球形，木质，蒴果下半部藏于花序轴内，有宿存花柱及针刺状萼齿。种子多数，褐色，多角形或有窄翅。花期3～4月，果期10月。

【生态习性】喜温暖湿润、阳光充足环境，耐火性和耐旱性强，种植以土层深厚、疏松、肥沃的砂质壤土为佳。

【分布】分布于我国秦岭及淮河以南各省份，也见于东南亚北部及朝鲜南部、越南北部和老挝。多生于平地及低山的次生林。我校主楼前绿地有栽培。

【观赏价值及应用】枝干挺拔，叶形独特，秋季叶色变化丰富，是优良的观叶树种，常作庭荫树、孤赏树或行道树栽培；又因其耐火性和耐旱性强，可用于干旱缺水的荒山改造和水土保持。

半枫荷

Semiliquidambar cathayensis Chang

别名：半边枫树、翻白叶树、半梧桐
科属：蕈树科半枫荷属

【生物学特征】常绿乔木，高约17m。树皮灰色，稍粗糙。老枝灰色，有皮孔，当年生枝干后暗褐色。叶簇生于枝顶，革质，异型，不分裂的叶片卵状椭圆形，或为掌状3裂，有时为单侧叉状分裂；边缘有具腺锯齿。雄花的短穗状花序常数个排成总状，雌花的头状花序单生。头状果序，蒴果22～28个。花期2～3月，果期10月。

【生态习性】喜温暖湿润气候，生长适温为18～24℃。在土层疏松、肥沃、排水良好的酸性红壤、砖红壤或黄壤上生长良好。

【分布】分布于江西南部、广西北部、贵州南部，以及广东、海南的部分地区。我校网球场后、林业大棚前等处有栽培。

【观赏价值及应用】叶形奇特，富于变化，在园林中可作观叶树种栽培。

红花檵木

Loropetalum chinense var. *rubrum* Yieh

别名：红桎木、红檵花
科属：金缕梅科檵木属

【生物学特征】檵木的变种。常绿灌木或小乔木。多分枝，嫩枝红褐色，密被星状毛。叶互生，革质，卵形，全缘，两面被星状毛，暗红色。花3～8朵簇生，花瓣4，带状线形，长1～2cm，紫红色。蒴果卵圆形，成熟时褐色。花期4～5月，果期8月。

【生态习性】喜光，稍耐阴，阳光充足时叶色较鲜艳，阴时叶色容易变绿。喜温暖环境，也耐寒冷。耐旱，耐修剪，耐瘠薄，在肥沃、湿润的微酸性土壤中生长最佳。

【分布】自然分布于湖南长沙岳麓山，在南方地区多有栽培。我校各绿地中均有种植。

【观赏价值及应用】叶常年红色，叶、花俱美，并且生态适应性强，耐修剪造型，因此广泛用于绿篱、灌木球、模纹花坛和盆景、桩景造型等。

原种檵木叶为绿色，花白色，其余性状同红花檵木。分布于我国中部、南部及西南各地，在国外见于日本及印度。

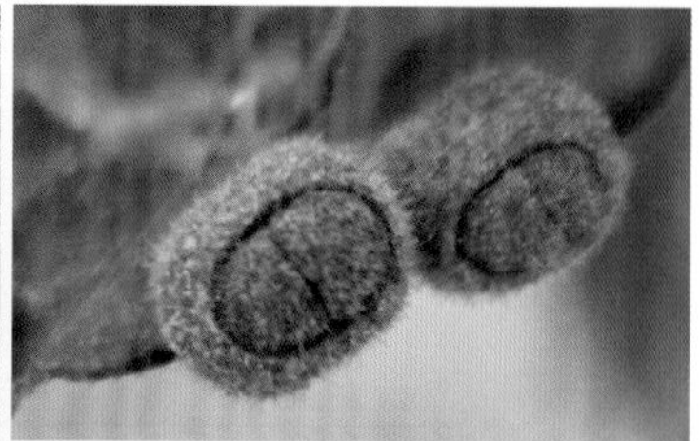

杨梅叶蚊母树

Distylium myricoides Hemsl.

别名：亮叶蚊母树

科属：金缕梅科蚊母树属

【生物学特征】常绿灌木或小乔木。嫩枝有鳞垢，老枝无毛，干后灰褐色。叶革质，矩圆形或倒披针形，长5～11cm，先端锐尖，基部楔形，上面绿色，干后暗晦无光泽，下面秃净无毛；侧脉约6对，网脉在上面不明显，在下面能见；边缘上半部有数个小齿突；叶柄长5～8mm，有鳞垢；托叶早落。总状花序腋生，雄花与两性花在同一个花序上，两性花位于花序顶端，花序轴有鳞垢；雄花的萼筒短，雄蕊长短不一。蒴果卵圆形，具黄褐色星毛。种子褐色，有光泽。花期4月，果期8～9月。

【生态习性】喜光，稍耐阴。喜温暖湿润气候。对土壤要求不严，但以排水良好、肥沃的土壤为佳。

【分布】分布于四川、安徽、浙江、福建、江西、广东、广西、湖南及贵州东部。我校校园花圃和风雨球场附近有种植。

【观赏价值及应用】树冠呈球形，自然开展，枝叶浓密，且萌芽力强，耐修剪，并对多种有毒气体有较强的抗性。常三五丛植于公园、庭院，与其他植物配置，或成丛、成片栽植为空间分隔材料，也可修剪成灌球形、绿篱等。

二球悬铃木

Platanus acerifolia (Aiton) Willd.

别名：法国梧桐、英国梧桐

科属：悬铃木科悬铃木属

【生物学特征】落叶大乔木，高可达35m。树皮光滑，大片块状脱落。幼枝密被灰黄色星状茸毛，老枝无毛。叶宽卵形，基部平截或微心形，上部掌状3～5中裂，有时7裂，中裂片宽三角形，裂片全缘或具1～2粗齿；幼叶两面被灰黄色星状茸毛，下面毛厚密，后脱落无毛；叶柄密生黄褐色毛被；托叶基部鞘状，上部开裂。花通常4数，雄花的萼片卵形，花瓣矩圆形。果枝具头状果序1～2个，稀3个，下垂；头状果序刺状，坚果之间茸毛不突出。花期4～5月，果期9～10月。

【生态习性】喜光，不耐阴。喜温暖湿润气候，耐寒性较强，抗旱性强，也较耐水湿，耐盐碱。对土壤要求不严，以湿润、肥沃的微酸性或中性壤土为佳，在微碱性或石灰性土中也能生长。

【分布】世界各地均有引种，我国南自广东、广西及东南沿海，西南至四川、云南，北至辽宁均有栽培。我校经北楼后有种植。

【观赏价值及应用】树形雄伟，冠大荫浓，树皮斑块状剥落，适应性强，耐修剪整形，为世界著名行道树和庭园树，被誉为“行道树之王”。

224 黄杨

Buxus sinica (Rehder et E. H. Wilson) M. Cheng

别名：千年矮、豆瓣黄杨、小叶黄杨
科属：黄杨科黄杨属

【生物学特征】常绿小乔木。小枝四棱形，被短柔毛。叶薄革质，倒卵状椭圆形或卵状长圆形，先端钝圆或微凹，基部楔形，叶面绿色、光亮，上面近基部被细毛，下面沿中脉密被白色短线状钟乳体。花簇生，苞片 6 ～ 8，宽卵圆形，雄花无梗，雌花单生于花序顶端。蒴果近球形。花期 3 ～ 4 月，果期 10 ～ 11 月。

【生态习性】喜光，也耐半阴。萌生性强，较耐修剪。适生于肥沃、疏松、湿润的酸性土，也能适应中性土或微碱性土。

【分布】陕西、甘肃、湖北、四川、贵州、广西、广东、江西、浙江、安徽、江苏、山东各地有栽培。我校行政楼前和一食堂、二食堂前绿地均有栽培。

【观赏价值及应用】枝叶茂密，叶形小巧别致，常作绿地小灌球、绿篱或模纹花坛材料。

225 雀舌黄杨

Buxus bodinieri Lévl.

别名：细叶黄杨
科属：黄杨科黄杨属

【生物学特征】常绿灌木，高 3 ～ 4m。小枝四棱形，被短柔毛，后变无毛。叶薄革质，匙形、狭卵形或倒卵形，大多数中部以上最宽，先端圆或钝，往往有浅凹口或小尖凸头，基部狭长楔形，叶面绿色、光亮，叶背苍灰色，中脉两面凸出，侧脉极多。头状花序腋生，花密集；苞片卵形，背面无毛，或有短柔毛；雄花约 10 朵。蒴果卵形，宿存花柱直立。花期 2 月，果期 5 ～ 8 月。

【生态习性】喜光，也耐半阴。喜温暖湿润环境，耐干旱。要求疏松、肥沃和排水良好的砂壤土。

【分布】主要分布于云南、四川、贵州、广西、广东、江西、浙江、湖北、河南、甘肃、陕西南部。生于平地或山坡林下。我校行政楼前有栽培。

【观赏价值及应用】植株低矮，枝叶茂密，叶形别致，且耐修剪，常作绿篱、模纹花坛材料或修剪成小灌球丛植，也可运用于庭院内布置山石小景或与其他花木配置，作盆景观赏亦可。

印度榕

Ficus elastica Roxb. ex Hornem.

别名：橡皮树、印度橡胶树、橡皮榕、橡胶榕

科属：桑科榕属

【生物学特征】常绿乔木，高达 20 ～ 30m。树皮灰白色，平滑。叶厚革质，长圆形至椭圆形，长 8 ～ 30cm，基部宽楔形，先端急尖，全缘，表面深绿色、光亮，背面浅绿色，侧脉平行展出；叶柄粗壮；托叶膜质，深红色，脱落后有明显环状托叶痕。果实成对生于已落叶枝的叶腋，卵状长椭圆形，黄绿色，雄花、瘿花、雌花同生于榕果内壁；雄花具柄，散生于内壁，花被片 4；瘿花花被片 4；雌花无柄。瘦果卵圆形，表面有小瘤体；花柱长，宿存。花果期秋冬季，栽培中通常不见结果。

【生态习性】喜光，也耐半阴。喜温暖湿润的环境，生长适温为 15 ～ 35℃，冬季不低于 5℃。较耐水湿，忌干旱，以肥沃、湿润的酸性土为佳。

【分布】分布于不丹、尼泊尔、印度东北部、缅甸、马来西亚、印度尼西亚（苏门答腊、爪哇）等地，我国云南有野生。我校先在生态湖边国旗广场种植，后移植于学生宿舍 12 栋与 13 栋之间，冬季易受冻。

【观赏价值及应用】叶片肥大，质感厚重，是常见的室内观叶植物，在热带地区也可作室外绿地观赏植物。

227 琴叶榕

Ficus pandurata Hance

别名：条叶榕
科属：桑科榕属

【生物学特征】常绿小灌木，高可达2m。小枝和嫩叶幼时被白色柔毛。叶纸质，提琴形或倒卵形，先端急尖或短尖，基部圆形至宽楔形，中部缢缩，表面无毛，背面叶脉有疏毛和小瘤点；叶柄疏被糙毛；托叶披针形，迟落。榕果单生于叶腋，椭圆形或球形，鲜红色；雄花有柄，生于榕果内壁口部，花被片4；瘿花有柄或无柄，花被片3～4，倒披针形至线形；雌花花被片3～4。花果期6～9月。

【生态习性】喜温暖、湿润和阳光充足环境，生长适温为25～35℃，5℃以上可安全越冬。较耐水湿，忌干旱。

【分布】原产于美洲热带地区、越南和中国，在中国分布于广东、海南、广西、福建、湖南、湖北、江西、安徽南部和浙江等地。原种在我校生态苑、后山等处有分布。

【观赏价值及应用】茎直立，少分枝，栽培种叶片肥大，密集生长，具有较高的观赏价值，是近年较流行的室内观叶植物，常用于室内大型场所如酒店大厅、公司前台、机场候机厅和会场等布置。

228 ‘金边’瑞香

Daphne odora ‘Aureomarginata’

别名：蓬来花、千里香
科属：瑞香科瑞香属

【生物学特征】常绿灌木。枝粗壮，通常二歧分枝；小枝近圆柱形，紫红色或紫褐色，无毛。叶互生，革质，长圆形或倒卵状椭圆形，长7～13cm，叶面光滑而厚，两面均无毛，表面深绿色，叶背淡绿色，叶缘金黄色。顶生头状花序，花被筒状，花瓣先端5裂，白色，其基部紫红，香味浓烈。果实红色。花期1～2月，果期7～8月。

【生态习性】喜半阴或向阳地，忌暴晒和雨淋，耐寒性较差，不耐水涝。适宜生长于肥沃、疏松、排水良好的微酸性土壤中。

【分布】主要分布于我国长江流域，生长在低山丘陵荫蔽湿润地带。为南昌市的市花，赣州市大余县被命名为“中国瑞香之乡”。我校园林大棚内有栽培。

【观赏价值及应用】树姿优美，枝条苍劲，叶青翠浓绿，叶缘镶金边，花色紫红鲜艳，香味浓郁，且花期正值春节，是受大众青睐的盆栽花卉，也常地栽用于庭院、街区绿化。

229 银桦

Grevillea robusta A. Cunn. ex R. Br.

别名：绢柏、丝树

科属：山龙眼科银桦属

【生物学特征】常绿乔木，高 10 ~ 25m。树皮暗灰色或暗褐色，具浅皱纵裂。嫩枝被锈色茸毛。叶二次羽状深裂，裂片 7 ~ 15 对，长 15 ~ 30cm，上面无毛或被稀疏丝状绢毛，下面被褐色茸毛和银灰色绢状毛，边缘背卷。总状花序腋生或排成少分枝的顶生圆锥花序，花橙色或黄褐色。果卵状椭圆形，稍偏斜；果皮革质，黑色。种子长盘状，边缘具窄薄翅。花期 3 ~ 5 月，果期 6 ~ 8 月。

【生态习性】喜光，也稍耐阴。生长适温为 20 ~ 30℃，不耐低温，5℃以下停止生长。在肥沃、疏松、排水良好的微酸性砂质土壤上生长为佳。

【分布】原产于澳大利亚的昆士兰州南部和新南威尔士州北部的河流两侧。我国云南、四川西南部、广西、广东、福建、江西南部、浙江、台湾等地有栽培。我校环境楼前有栽培。

【观赏价值及应用】树干通直，树形美观，花色橙黄，而且叶形奇特，抗烟尘，是南亚热带地区优良的行道树和庭荫树，也可用于农村四旁绿化，或在低山营造速生风景林、用材林。

230 网脉山龙眼

Helicia reticulata W. T. Wang

别名：大果山龙眼、萝卜树

科属：山龙眼科山龙眼属

【生物学特征】常绿乔木或灌木，高3～10m。树皮灰色，芽被褐色或锈色短毛。叶互生，革质或近革质，长圆形、卵状长圆形、倒卵形或倒披针形，顶端短渐尖、急尖或钝，基部楔形，边缘具疏生锯齿或细齿；侧脉10～12对，中肋、网脉明显。总状花序腋生或生于已落叶小枝的叶腋，有时花序轴和花梗初被短毛，后全脱落变无毛，花白色或浅黄色。果椭圆状，顶端具短尖；果皮干后革质，黑色。花期5～7月，果期10～12月。

【生态习性】喜半阴，不耐强光直射。

【分布】分布于云南东南部、贵州、广西、广东、湖南南部、江西（大余）、福建南部。生于海拔300～1500m山地湿润常绿阔叶林中。我校培训楼前有栽培。

【观赏价值及应用】树形紧凑，叶色翠绿，可用于复层林景观营造及建筑北面绿化。

231 秃瓣杜英

Elaeocarpus glabripetalus Merr.

别名：圆枝杜英、光瓣杜英

科属：杜英科杜英属

【生物学特征】常绿乔木，高12m。嫩枝秃净无毛，干后红褐色；老枝圆柱形，暗褐色。叶纸质或膜质，倒披针形，先端尖锐，基部变窄而下延，上面干后黄绿色，发亮，下面浅绿色，边缘有小钝齿。总状花序常生于无叶的上一年枝上，花序轴有微毛；花瓣5，白色，先端较宽，撕裂为14～18条，基部窄，外面无毛。核果椭圆形，内果皮薄骨质，表面有浅沟纹。花期7月，果期10～11月。

【生态习性】中等喜光，光照过强易引起树干灼伤开裂。喜温暖湿润气候，深根性，生长迅速。适宜在土层深厚、肥沃、排水良好的中性或微酸性山地黄壤、黄红壤中生长。

【分布】分布于广东、广西、江西、福建、浙江、湖南、贵州及云南等地。我校二食堂、博雅广场南侧及教师公寓等处有栽培。

【观赏价值及应用】树干通直，冠形美观，常年有几片红叶挂于树枝上，在绿化中应用广泛，常作庭荫树或背景树，也可作小街巷的行道树。

232 杜英

Elaeocarpus decipiens Hemsl.

别名：假杨梅、山杜英

科属：杜英科杜英属

【生物学特征】常绿乔木，高 5 ～ 15m。嫩枝及顶芽初时被微毛，不久变秃净，干后黑褐色。叶革质，披针形或倒披针形，先端渐尖，基部楔形，常下延，上面深绿色，下面秃净无毛，侧脉 7 ～ 9 对，边缘有小钝齿。总状花序腋生或生于无叶的上一年枝上，花序轴纤细，有微毛；花瓣倒卵形，与萼片等长，上半部撕裂，裂片 14 ～ 16 条。核果椭圆形，种子 1 颗。花期 3 月，果期 8 ～ 9 月。

【生态习性】稍耐阴。喜温暖潮湿环境，耐寒性稍差。喜湿润、肥沃、排水良好的酸性土壤。根系发达，抗风力强，耐修剪。对二氧化硫抗性强。

【分布】分布于我国广东、广西、福建、台湾、浙江、江西、湖南、贵州和云南；日本也有分布。我校学生宿舍 18 栋前、教师公寓、生态苑等处有栽培。

【观赏价值及应用】分枝低、紧凑，叶色浓绿，常年有几片红叶挂于枝上，且抗逆性较强，常作行道树和园景树。

233 秋枫

Bischofia javanica Blume

别名：茄冬、高粱木

科属：叶下珠科秋枫属

【生物学特征】常绿或半常绿大乔木，高可达40m。树干圆满通直，老树皮粗糙，树皮红褐色。三出复叶，稀5小叶；小叶片纸质，卵形、椭圆形、倒卵形或椭圆状卵形，顶端急尖或短尾状渐尖，基部宽楔形至钝，边缘有浅锯齿。雌雄异株，多朵组成腋生的圆锥花序。果实浆果状，圆球形或近圆球形。种子长圆形。花期4～5月，果期8～10月。

【生态习性】耐寒力差，耐水湿。喜温暖、肥沃的沟谷地，以砖红壤或赤红壤为宜。根系发达，抗风力强，寿命长。

【分布】在我国主要分布于台湾、福建南部及华南、云南南部和四川南部；印度、缅甸、泰国、老挝、柬埔寨、越南、马来西亚、印度尼西亚、菲律宾、日本、澳大利亚和波利尼西亚等也有分布。我校2011年自广东引种栽培于校大门至信息楼路旁。

【观赏价值及应用】枝叶繁茂，树冠开展，遮阴性好，耐水湿，根系发达，抗风力强，而且对二氧化硫等有害气体有较好的吸收能力与抗性，既是良好的观赏树种和行道树种，也可作水源林、防风林和护岸林树种。

234 变叶木

Codiaeum variegatum (L.) A. Juss.

别名：变色月桂、洒金榕

科属：大戟科变叶木属

【生物学特征】常绿灌木或小乔木，高可达 2m。全株含乳汁，枝条无毛，有明显叶痕。叶革质，长 5 ~ 30cm，形状、大小变异很大，线形、披针形、卵形至提琴形等，有时由长的中脉把叶片间断成上下两片，基部楔形、短尖至钝，全缘、浅裂至深裂，两面无毛，绿色、淡绿色、紫红色、紫红与黄色相间、黄色与绿色相间或有时在绿色叶片上散生黄色（或金黄色）斑点或斑纹。总状花序腋生，雌雄同株异序，雄花白色，雌花淡黄色。蒴果近球形，稍扁。种子长约 6mm。花期 4 ~ 5 月，果期 9 ~ 10 月。

【生态习性】喜高温、湿润和阳光充足的环境。不耐寒，生长适温为 20 ~ 30℃，冬季温度不低于 13℃。不耐干旱，土壤以肥沃、保水性强的黏质土为宜。

【分布】原产于亚洲马来半岛至大洋洲，广泛栽培于热带地区。我国南部各省份常见栽培。我校校园花圃和园林大棚内有盆栽。

【观赏价值及应用】叶形、叶色富于变化，绚丽多彩，是优良的观叶植物。华南地区多用于公园和庭园美化，在长江流域及以北地区则多用于盆栽，可装饰房间、厅堂和会场等。其枝叶是插花常用的配叶。

235 红背桂

Excoecaria cochinchinensis Lour.

别名：红背桂花、青紫木

科属：大戟科海漆属

【生物学特征】常绿灌木，高达1m。叶对生，稀兼有互生或近3片轮生，纸质，窄椭圆形或长圆形，顶端长渐尖，基部渐狭，边缘有疏细齿，两面均无毛，上面绿色，下面紫红或血红色；中脉于两面均凸起，侧脉8～12对，网脉不明显；托叶卵形，长约1mm。花单性，雌雄异株，聚集成腋生或稀兼有顶生的总状花序。蒴果球形，基部截平，顶端凹陷。种子近球形，直径约2.5mm。花果期几乎全年。

【生态习性】忌阳光暴晒，耐半阴，夏季在庇荫处可保持叶色浓绿。喜温暖环境，不耐寒，生长适温为15～25℃，冬季温度不低于5℃。不耐旱，忌涝，极不耐碱。喜疏松、肥沃的酸性腐殖土。

【分布】原产于中南半岛。在我国主要分布于台湾、广东、广西、四川、云南等，广泛栽培。我校各绿地色块或绿篱等可见，冬季露地有轻微冻害，树下可安全越冬。

【观赏价值及应用】株形优美，枝叶茂密，叶两面异色，观赏性强，可用于庭院、公园、居住小区、校园等绿化。

山乌桕

Triadica cochinchinensis Loureiro

别名：红心乌桕、山柳乌桕
科属：大戟科乌桕属

【生物学特征】落叶乔木或灌木，高3～12m。小枝灰褐色，有皮孔。叶互生，纸质，嫩时淡红色，后绿色，椭圆形或长卵形，长4～10cm，顶端钝或短渐尖，基部短狭或楔形，背面近缘常有数个圆形的腺体；叶柄纤细，顶端具腺体2；托叶小，近卵形，易脱落。花单性，雌雄同株，密集成长4～9cm的顶生总状花序，雌花生于花序轴下部，雄花生于花序轴上部或有时整个花序全为雄花。蒴果黑色，球形。种子近球形，外被蜡质的假种皮。花期4～6月，果期9～12月。

【生态习性】以温暖湿润环境为宜，8℃以下时停止生长。适宜空气相对湿度为50%～70%。土壤要求湿润、肥沃的酸性土。

【分布】分布于我国南部各省份；印度、缅甸、老挝、越南、马来西亚及印度尼西亚也有分布。生于山谷或山坡混交林中。我校新、老水泵房间绿地有栽培。

【观赏价值及应用】春季嫩叶和秋季老叶红色，种子常年挂在树上，为优良的秋色叶植物和生态林树种，可于公园中成片种植，春、秋两季可观赏满山红叶。

237 乌桕

Triadica sebifera (Linnaeus) Small

别名：桕子树、腊子树、米桕、多果乌桕

科属：大戟科乌桕属

【生物学特征】落叶乔木，高 5 ～ 10m。枝灰褐色，具细纵棱，有皮孔。叶互生，纸质，菱形、菱状卵形，稀菱状倒卵形，顶端短渐尖，基部阔而圆、截平或有时微凹，全缘，近叶柄处常向腹面微卷；中脉两面微凸起，侧脉 7 ～ 9 对，网脉明显；叶柄纤弱，顶端具 2 腺体。花单性，雌雄同株，聚集成顶生总状花序，雌花生于花序轴下部，雄花生于花序轴上部或有时整个花序全为雄花。蒴果近球形，成熟时黑色，横切面呈三角形。种子黑色，外被白色、蜡质的假种皮。花期 5 ～ 7 月，果期 9 ～ 12 月。

【生态习性】喜光。耐水湿及短期积水，较耐贫瘠。土壤以湿润、肥沃的酸性土为宜。

【分布】分布于甘肃南部、四川、湖北、贵州、云南和广西等部分地区。我校新、老水泵房间绿地及二食堂与风雨球场边有栽培。

【观赏价值及应用】树冠整齐，叶形秀丽，秋叶经霜后鲜红、紫红或鲜黄色，有“乌桕赤于枫”之誉。冬日，外被白色假种皮的种子挂满枝头，经久不落，也颇美观。可栽作护堤树、庭荫树及行道树，孤植、丛植于草坪和湖畔、池边，或成片栽植于景区。

238 龟甲冬青

Ilex crenata var. *convexa* Makino

别名：豆瓣冬青

科属：冬青科冬青属

【生物学特征】钝齿冬青的栽培变种。常绿灌木。树皮灰黑色，多分枝；幼枝灰色或褐色，具纵棱角，密被短柔毛。叶生于 1 ～ 2 年生枝上，厚革质，小而密，椭圆形至长倒卵形，边缘具圆齿状锯齿，叶面亮绿色、凸起，干时有皱纹；叶柄长 2 ～ 3mm，上面具槽，下面隆起，被短柔毛；托叶钻形，微小。花 4 基数，白色。果球形，黑色。花期 5 ～ 6 月，果期 8 ～ 10 月。

【生态习性】喜光，稍耐阴。喜温暖湿润气候，较耐寒。耐修剪和蟠扎。

【分布】原产于日本及我国广东、福建等地，园林中广泛栽培。我校大门内外和学生宿舍 15 栋周边等处有栽培。

【观赏价值及应用】生长势强，耐修剪，且修剪后轮廓分明，保持时间长，常作地被或绿篱材料，也可盆栽、制作盆景等。

239 冬青卫矛

Euonymus japonicus Thunb.

别名：扶芳树、正木、大叶黄杨

科属：卫矛科卫矛属

【生物学特征】常绿灌木或小乔木，高可达 3m。小枝近四棱形。单叶对生，叶片厚革质，倒卵形或长圆形至长椭圆形，先端钝尖，边缘具细锯齿，基部楔形或近圆形，上面深绿色，下面淡绿色；叶柄长约 1m。聚伞花序腋生，一至二回二歧分枝，每分歧有花 5 ～ 12 朵；花白绿色，4 数；花盘肥大。蒴果扁球形，径约 1cm，淡红色，具 4 浅沟；果梗四棱形。种子棕色，有橙红色假种皮。花期 6 ～ 7 月，果期 9 ～ 10 月。

【生态习性】喜光，也较耐阴。喜温暖湿润气候，也较耐寒。要求肥沃、疏松的土壤，极耐修剪整形。栽培的变种和品种很多，常见的有银边黄杨、‘金边’黄杨、‘金心’冬青卫矛等。

【分布】原产于我国中部及北部各省份，各地栽培甚普遍。我校各处绿地均有栽培。

【观赏价值及应用】枝叶茂密，四季常青，叶色亮绿，且有许多花枝、斑叶变种，是美丽的观叶树种。园林中常用作绿篱及背景种植材料，也可丛植于草地边缘或列植于园路两旁；若加以修饰成型，更适用于对称配置。

240 ‘金边’黄杨

Euonymus japonicus ‘Aurea-marginatus’ Hort.

别名：‘金边’冬青卫矛、‘金边’大叶黄杨
科属：卫矛科卫矛属

【生物学特征】冬青卫矛的栽培品种。常绿灌木，高可达3～5m。小枝四棱，具细微皱突。叶革质，具光泽，倒卵形或椭圆形，先端圆阔或急尖，基部楔形，边缘具有浅细钝齿，叶缘呈不规则黄色。聚伞花序5～12花，花白绿色，花瓣近卵圆形。蒴果近球状，淡红色。种子顶生，椭圆状；假种皮橘红色，全包种子。花期6～7月，果熟期9～10月。

【生态习性】喜光，不耐阴。喜温暖湿润气候，耐寒性较强。抗旱性强，也较耐水湿，耐盐碱。对土壤要求不严，以湿润、肥沃的微酸性或中性壤土为佳，在微碱性或石灰性土中也能生长。

【分布】分布于中国中部和日本，在中国各类园林中普遍栽植。我校各绿地均可见，作灌球或绿篱栽培。

【观赏价值及应用】叶常年异色，观赏价值高，且耐修剪，是较为理想的灌球、绿篱和盆景材料，常用于公园、街旁绿地或花坛布置，也可盆栽供观赏。

241 扶芳藤

Euonymus fortunei (Turcz.) Hand.-Mazz.

别名：爬行卫矛、胶东卫矛、文县卫矛、胶州卫矛、常春卫矛

科属：卫矛科卫矛属

【生物学特征】常绿藤本。叶薄革质，椭圆形或卵形，稀长圆状倒卵形，先端急尖，基部宽楔形，具浅粗锯齿。聚伞花序腋生，花 7 ～ 30 朵，密集，花序梗长达花盘边缘，花丝明显。蒴果近球形，具 4 纵浅凹线，橙红色，无斑块。种子具橙红色假种皮。花期 6 ～ 7 月，果秋季成熟。

【生态习性】喜温暖，耐阴，耐湿，有一定耐寒性，部分品种能耐 -20℃的低温。耐干旱，耐涝，耐瘠薄。对土壤要求不严，但适宜在湿润、肥沃的土壤中生长。若生长在干燥、瘠薄处，叶质增厚，色黄绿，气生根增多。

【分布】分布于我国秦岭、淮河以南广大地区。我校各处有野生，校园花圃有栽培。

【观赏价值及应用】叶色亮绿，尤其在华北冬季缺少生机和色彩，可作为优良的绿化植物。有极强的攀缘能力，用于掩盖墙面、山石或老树干，均极优美；也可作地被植物用于覆盖地面。

242 地锦

Parthenocissus tricuspidata (Siebold et Zucc.) Planch.

别名：爬墙虎、爬山虎、地锦、飞天蜈蚣、假葡萄藤、捆石龙、枫藤

科属：葡萄科地锦属

【生物学特征】落叶木质大藤本。叶互生，小叶肥厚，基部楔形，边缘有粗锯齿，叶片及叶脉对称，叶绿色，秋季变为鲜红色，背面具有白粉，叶背叶脉处有柔毛；幼枝上的叶较小，常不分裂；花枝上的叶宽卵形，常 3 裂，或下部枝上的叶分裂成 3 小叶，基部心形。浆果小球形，熟时蓝黑色，被白粉，鸟喜食。花期 6 月，果期 9 ～ 10 月。

【生态习性】喜阴，耐寒，对土壤及气候适应能力很强，对氯气抗性强。

【分布】河南、辽宁、河北、陕西、江西、湖南、湖北、广西、福建都有分布。我校立雪湖等处有栽培。

【观赏价值及应用】夏季枝叶茂密，常攀缘在墙壁或岩石上，适宜配置于宅院围墙、庭园入口、桥头等处。其茎叶密集，覆盖在房屋墙面上，不仅可以美化环境，而且可以遮挡强烈的阳光，降低室内温度。

243 无患子
Sapindus saponaria Linnaeus

别名：黄金树、洗手果、苦患树、木患子、油患子、肥珠子
科属：无患子科无患子属

【生物学特征】落叶大乔木，高可达20m。树皮灰褐色或黑褐色。嫩枝绿色，无毛。一回羽状复叶，叶轴稍扁，上面两侧有直槽，无毛或被微柔毛；小叶5～8对，通常近对生，叶片薄纸质，长椭圆状披针形或稍呈镰形，顶端短尖或短渐尖，基部楔形，稍不对称，腹面有光泽，两面无毛或背面被微柔毛；侧脉纤细而密，15～17对，近平行。花序顶生，圆锥形；花小，辐射对称，花梗常很短；萼片卵形或长圆状卵形，外面基部被疏柔毛；花瓣5，披针形，有长爪，外面基部被长柔毛或近无毛；鳞片2，小耳状；花盘碟状，无毛；雄蕊8，伸出，中部以下密被长柔毛；子房无毛。花期春季，果期夏、秋。

【生态习性】喜光，稍耐阴。耐寒能力较强。耐干旱，不耐水湿。对土壤要求不严。深根性，抗风力强。

【分布】分布于亚洲、美洲和大洋洲；在我国分布于长江流域以南。多生于林缘或栽培于房前屋后。我校心理健康中心等多处有栽培。

【观赏价值及应用】浓荫匝地，清凉宜人。宜配置于庭隅、路角、山边和溪谷，或在林间空地、草坪丛植。

244 清香木

Pistacia weinmanniifolia J. Poiss. ex Franch.

别名：对节皮、昆明乌木、细叶楷木、香叶树、清香树等

科属：漆树科黄连木属

【生物学特征】常绿灌木或小乔木，高 2 ～ 8m，稀达 10 ～ 15m。树皮灰色。小枝具棕色皮孔，幼枝被灰黄色微柔毛。小叶革质，长圆形或倒卵状长圆形，较小；小叶柄极短，被微柔毛。花序腋生，与叶同出，被黄棕色柔毛和红色腺毛；花小，紫红色，无梗；苞片卵圆形，外面被棕色柔毛；雄花长圆形或长圆状披针形，膜质，半透明，花丝极短，花药长圆形；雌花无毛，花柱极短，柱头外弯。核果球形，成熟时红色，先端细尖。花期 3 月，果熟期 9 ～ 10 月。

【生态习性】喜光，也稍耐阴。喜温暖，植株能耐 -10℃低温，但幼苗的抗寒力不强，在华北地区需加以保护。要求土层深厚、不易积水的土壤。萌发力强，生长缓慢，寿命长。

【分布】产于云南、西藏东南部、四川西南部、贵州西南部、广西西南部。生于海拔 580 ～ 2700m 的石灰岩山林下或灌丛中。我校林业大棚和园林大棚中有栽培。

【观赏价值及应用】枝叶青翠，适合作庭植、绿篱或盆栽材料，颇具观赏价值。全株具浓烈胡椒香味，有净化空气、驱避蚊蝇的作用。

245 黄连木

Pistacia chinensis Bunge

别名：楷木、惜木、孔木、鸡冠果

科属：漆树科黄连木属

【生物学特征】落叶乔木。树冠近圆球形，树皮薄片状剥落。偶数羽状复叶，小叶 10 ～ 14，披针形或卵状披针形，长 5 ～ 9cm，先端渐尖，基部偏斜，全缘。花先于叶开放。雌雄异株，圆锥花序，雄花序淡绿色，雌花序紫红色。核果径约 6mm，初为黄白色，后变红色至蓝紫色，若红而不紫多为空粒。花期 3 ～ 4 月，果期 9 ～ 11 月。

【生态习性】喜光，幼时稍耐阴。喜温暖，畏严寒。耐干旱、瘠薄，对土壤要求不严，微酸性、中性和微碱性的砂质、黏质土均能适应，但以在肥沃、湿润、排水良好的石灰岩山地生长最好。深根性，主根发达，抗风力强。萌芽力强。生长较慢，寿命长，可达 300 年以上。对二氧化硫、氯化氢和煤烟的抗性较强。

【分布】分布于我国黄河流域、广西、

广东及西南各省份，以河北、河南、山西、陕西最多。我校立雪湖畔有一株大树。

【观赏价值及应用】因其木材色黄而味苦，故而得名。辞海记载："相传楷树支干疏而不曲，因以形容刚直。"据说"楷模"一词由此而出。

246 鸡爪槭

Acer palmatum Thunb.

别名：七角枫

科属：无患子科槭属

【生物学特征】落叶小乔木。树皮深灰色。小枝细，紫色或淡紫绿色。叶近圆形，基部心形或近心形，稀平截，7（5～9）掌状裂，裂片长圆状卵形或披针形，具紧贴尖齿，下面脉腋被白色丛毛。萼片卵状披针形，花瓣椭圆形或倒卵形。翅果嫩时紫红色，熟时淡棕黄色，翅成钝角，果核球形。花期5月，果期9月。

【生态习性】弱喜光，耐半阴，在阳光直射处孤植时夏季易遭日灼之害。耐寒性不强，喜温暖湿润气候及肥沃、湿润、排水良好的土壤，酸性、中性及石灰质土均能适应。

【分布】分布于我国中部、东部各省份；朝鲜半岛和日本也有分布。我校产教大楼、图书馆附近有栽培。

【观赏价值及应用】树姿婆娑，叶形秀丽，入秋叶色红艳，加之品种多，为园林中名贵的乡土观赏树种。可植于花坛中作主景树，或植于园门两侧、建筑角隅。盆栽用于室内美化，也极为雅致。

‘红枫’

Acer palmatum ‘Atropurpureum’

别名：紫红鸡爪槭

科属：无患子科槭属

【生物学特征】鸡爪槭的栽培品种。落叶小乔木。树姿开展，小枝细长。树皮光滑，灰褐色。单叶交互对生，常丛生于枝顶；叶掌状深裂至叶基，裂片5～9，长卵形或披针形，叶缘锐锯齿；嫩叶红色，老叶终年紫红色。伞房花序顶生，杂性花。翅果。花期4～5月，果熟期10月。

【生态习性】较耐阴，忌烈日暴晒。喜湿润、温暖的气候和凉爽的环境，耐寒。对土壤要求不严，不耐水涝。

【分布】主要分布在我国长江流域。我校各绿地有栽培。

【观赏价值及应用】一种非常美丽的观叶树种，其叶形优美，叶色鲜艳持久，枝序整齐，层次分明，错落有致，树姿美观，观赏价值非常高。

羽毛槭

Acer palmatum var. *dissectum* (Thunb.) Miq.

别名：塔枫、紫红叶鸡爪

科属：无患子科槭属

【生物学特征】落叶小乔木，株高一般不超过4m。树皮深灰色。树冠开展；枝略下垂，小枝细瘦，当年生枝紫色或淡紫绿色，多年生枝淡灰紫色或深紫色。嫩叶艳红，密生白色软毛，叶片舒展后渐脱落，叶色亦由艳丽转淡紫色甚至泛暗绿色；叶片掌状深裂达基部，有皱纹，入秋逐渐转红。花紫色，杂性，雄花与两性花同株，生于无毛的伞房花序，总花梗长2～3cm。花期5月，果期9月。

【生态习性】喜光，但怕烈日，属中性偏阴树种。喜温暖湿润气候，夏季遇干热风吹袭时叶缘会枯卷，高温日灼还会损伤树皮。在微酸性、中性和石灰性土中均可生长。

【分布】我国各地庭园中广泛栽培。我校立雪亭前有栽培。

【观赏价值及应用】庭院种植或盆栽供观赏。草坪、林缘、亭台和假山旁、门厅入口处、宅旁、路隅及池畔均可栽植，无处不宜。与其他绿色植物搭配或片植。

249 迷迭香

Rosmarinus officinalis L.

别名：艾菊

科属：唇形科迷迭香属

【生物学特征】常绿灌木。株高达 2m。树皮暗灰色，不规则纵裂，块状剥落。幼枝密被白色星状微茸毛。叶簇生，线形，长 1 ～ 2.5cm，宽 1 ～ 2mm，先端钝，基部渐窄，上面近无毛，下面密被白色星状茸毛；无柄或具短柄。花萼长约 4mm，密被白色星状茸毛及腺点，内面无毛，上唇近圆形，下唇齿卵状三角形；花冠蓝紫色，长不及 1cm，疏被短柔毛，冠筒稍伸出，上唇 2 浅裂，裂片卵形，下唇中裂片基部缢缩，侧裂片长圆形。一年开花 2 次，即 4 月中下旬至 5 月上旬、8 月下旬至 9 月上中旬，花期约 1 个月。结实率低，种子成熟度很低，不易萌发。

【生态习性】喜温暖气候，适生于夏无酷热、冬无严寒且昼夜温差大的环境。生长最适温度为 9 ～ 30℃，20℃左右生长旺盛。对土壤要求不严格，耐旱，不耐涝。生长快，萌芽力和成枝力强，耐修剪。

【分布】原产于欧洲及北非地中海沿岸，国内广泛栽培。我校产教大楼后匠心园中有栽培。

【观赏价值及应用】名贵的天然香料植物，生长季节会散发清香气味。枝繁叶茂，叶狭长似松针，边缘反卷，花色丰富，花形优雅，花期长，广泛应用于园林花境营造。

250 五彩苏

Coleus scutellarioides (L.) Benth.

别名：锦紫苏、洋紫苏、五色草、老来少、彩叶草

科属：唇形科鞘蕊花属

【生物学特征】多年生直立或上升草本。茎通常紫色，四棱形，被微柔毛，具分枝。叶膜质，其大小、形状及色泽变异很大，通常卵圆形，先端钝至短渐尖，基部宽楔形至圆形，边缘具圆齿状锯齿或圆齿，色泽多样，有黄色、暗红色、紫色及绿色，两面被微柔毛，下面常散布红褐色腺点。轮伞花序多花，花梗与花序轴均被微柔毛；花萼钟形；花冠浅紫至紫或蓝色，外被微柔毛，冠筒骤然下弯；雄蕊 4，内藏，花丝在中部以下合生成鞘状；花柱超出雄蕊，伸出，先端相等 2 浅裂；花盘前方膨大。小坚果宽卵圆形或圆形，压扁，褐色，具光泽，长 1 ～ 1.2mm。花期 7 月，果期 8 ～ 10 月。

【生态习性】喜充足阳光，光线充足能使叶色鲜艳。喜温，适应性强，冬季温度不低于 10℃，夏季高温时需稍加遮阴。

【分布】全国各地普遍栽培，作观赏用。我校经常用于花坛布置。

【观赏价值及应用】色彩鲜艳，品种甚多，繁殖容易，为应用较广的观叶花卉，除可作小型观叶花卉陈设外，还可配置图案花坛，也可作为花篮、花束的配叶使用。

251 灰莉

Fagraea ceilanica Thunb.

别名：灰莉木、箐黄果、非洲茉莉

科属：马钱科灰莉属

【生物学特征】常绿藤本。叶对生，长 15cm，广卵形、长椭圆形，全缘。伞房状聚伞花序，浓郁芳香。浆果卵状或近球形。花期 5 ～ 7 月，果实 10 ～ 12 月先后成熟。

【生态习性】喜阳光，但要求避开夏日强烈的阳光直射。喜温暖，喜空气湿度高、通风良好的环境。对土壤要求不严，在各类土壤中均能正常生长。

【分布】分布于我国南部；东南亚等也有分布。我校组培中心前、校园花圃等处均有露地栽植。

【观赏价值及应用】株形饱满，姿态优美，四季常青，较耐阴，是优美的室内盆栽观叶植物和垂直绿化材料。盆栽适合在厅堂、会议室、庭院等摆设。

252 ‘花叶’络石

Trachelospermum jasminoides ‘Flame’

别名：无

科属：夹竹桃科络石属

【生物学特征】常绿藤本，藤长一般20～50cm，内具乳汁。有气生根。小枝、嫩叶柄及叶背面被有短茸毛，老枝叶无茸毛。单叶对生，椭圆形至阔披针形，长2～6cm，宽1～3cm，顶端锐尖至渐尖或钝，新叶一般第一对为粉红色，第二、第三对为纯白色，老叶近绿色或淡绿色，从新叶到老叶白色成分逐渐减少；叶面光滑，有不规则白色或乳黄色斑点，叶背有毛。聚伞花序腋生，白色，片状螺旋形排列，有芳香。蓇葖果双生，叉开，无毛，线状披针形，向先端渐尖，长10～20cm，宽3～10mm。花期6～7月，果期6～12月。

【生态习性】喜明亮散射光线，不喜强光。喜半阴、湿润的环境，耐旱，耐湿。对土壤要求不高，以排水良好、酸性的砂壤土最为适宜。匍匐性、攀爬性较强。

【分布】分布于我国长江流域以南地区。我校生态苑、校园花圃等处有分布。

【观赏价值及应用】广泛应用于园林绿化中，盆栽、地栽皆相宜。因其具有极强的攀缘能力，是立体绿化的良好材料，可植于庭园、公园，在院墙、石柱、亭、廊、陡壁等处攀附点缀。同时也是地被、防止水土流失的优良材料。

253 ‘金边’六月雪

Serissa japonica ‘Variegata’

别名：满天星、碎叶冬青、白马骨、素馨
科属：茜草科白马骨属

【生物学特征】常绿或半常绿丛生小灌木。分枝多而稠密。叶对生或丛生在小枝上，长椭圆形或长椭圆披针状，叶小，全缘。花白色带红晕或淡粉紫色。花期6月，果期9～10月。

【生态习性】喜温暖湿润环境，不耐寒。对土壤要求不严，微酸性、中性、微碱性土均能适应，但以肥沃的砂质壤土为宜。

【分布】原产于我国长江流域及其以南地区。我校校园花圃中有盆栽，教师公寓西侧有栽培。

【观赏价值及应用】枝叶密集，叶片边缘金黄色；花盛开时宛如雪花满树，雅洁可爱。既可配置于雕塑或花坛周围作镶边材料，也可作矮篱和地被材料，还可点缀于假山石间或盆栽供观赏。

254 菜豆树

Radermachera sinica (Hance) Hemsl.

别名：幸福树、辣椒树、山菜豆树、接骨凉伞、牛尾树
科属：紫葳科菜豆树属

【生物学特征】常绿乔木。二回羽状复叶，稀为三回；小叶卵形至卵状披针形，长4～7cm，宽2～3.5cm，顶端尾状渐尖，基部阔楔形，全缘，侧脉5～6对，两面均无毛。顶生圆锥花序，直立；花萼蕾时封闭；花冠钟状漏斗形，白色至淡黄色，长6～8cm，裂片5。蒴果细长，下垂，圆柱形，稍弯曲，多沟纹，渐尖，长达85cm，径约1cm。种子椭圆形，连翅长约2cm。花期5～9月，果期10～12月。

【生态习性】喜高温多湿、阳光充足的环境。畏寒冷，宜湿润，忌干燥。喜疏松、肥沃、排水良好的壤土和砂质壤土。

【分布】分布于台湾、广东、海南、广西、贵州、云南等地。我校学生宿舍9栋后有栽培。

【观赏价值及应用】枝叶茂盛，可盆栽观赏。

255 ‘金叶’假连翘

Duranta erecta ‘Golden Leaves’

别名：黄金叶

科属：马鞭草科假连翘属

【生物学特征】常绿灌木。枝下垂或平展。叶对生，卵状椭圆形或卵状披针形，先端短尖或钝，基部楔形，全缘或中部以上具锯齿，金黄色至黄绿色。总状花序呈圆锥状，花蓝色或淡蓝紫色。核果橙黄色，有光泽。花期5～10月，果期7～11月。

【生态习性】喜光，也耐半阴。喜温暖湿润气候，抗寒力较弱。在疏松、腐殖质丰富、排水良好的壤土上生长良好，忌黏重土。

【分布】我国华南地区广泛栽培。我校许多绿地中有栽培，长势旺盛，遇冷冬细嫩部位易受冻害。

【观赏价值及应用】花期长，花美丽，是一种很好的绿篱、绿墙、花廊材料。攀附于花架上，或悬垂于石壁、砌墙上，均很美丽。枝条柔软，耐修剪，可卷曲为多种形态，作盆景栽植，或修剪培育作桩景，效果尤佳。

256 ‘紫叶’小檗

Berberis thunbergii ‘Atropurpurea’

别名：红叶小檗
科属：小檗科小檗属

【生物学特征】落叶灌木。幼枝紫红色，老枝灰褐色或紫褐色，有槽，具刺。叶菱形或倒卵形，全缘，深紫色或红色，在短枝上簇生。花单生或 2 ～ 5 朵成短总状花序，黄色，下垂，花瓣边缘有红色纹晕。浆果红色，宿存。花期 4 月，果期 9 ～ 10 月。

【生态习性】喜光，也耐阴。喜凉爽、湿润环境。适应性强，耐寒、耐旱，不耐水涝。在肥沃、深厚、排水良好的土壤中生长更佳。萌蘖性强，耐修剪。

【分布】分布于我国东北南部、华北及秦岭。我校足球场旁有栽培。

【观赏价值及应用】可用来布置花坛、花境，是园林绿化中色块组合的重要树种。

257 十大功劳

Mahonia fortunei (Lindl.) Fedde

别名：狭叶十大功劳、黄天竹、刺黄芩、猫儿刺、土黄连
科属：小檗科十大功劳属

【生物学特征】常绿灌木。根和茎断面黄色。一回羽状复叶，小叶互生，3 ～ 9 片，革质，披针形，顶生小叶最大，均无柄，先端急尖或渐尖，基部狭楔形，边缘有 6 ～ 13 刺状锐齿。总状花序直立，4 ～ 8 个簇生，花瓣黄色。浆果圆形或长圆形，蓝黑色，有白粉。花期 7 ～ 9 月，果期 9 ～ 11 月。

【生态习性】耐阴，忌烈日暴晒。较耐旱，怕水涝，在干燥的空气中生长不良。喜排水良好的酸性腐殖土，极不耐碱。

【分布】产于我国长江以南地区，各地栽培供观赏。我校环境楼前、园林苗圃等处有栽培。

【观赏价值及应用】在房屋后、园林中作为基础种植。在园林中可植为绿篱，在果园、菜园的四角作为边界林，还可盆栽放在门厅入口、招待所、会议室。

258 阔叶十大功劳

Mahonia bealei (Fort.) Carr.

别名：华南十大功劳，土黄连、刺黄芩
科属：小檗科十大功劳属

【生物学特征】常绿灌木。根粗大，茎粗壮。单数羽状复叶，小叶 7 ～ 15 片，厚革质，顶生小叶较大，有柄，先端渐尖，基部宽楔形或近圆形，每边有 2 ～ 8 刺锯齿，边缘反卷，上面蓝绿色，下面黄绿色。总状花序顶生而直立，6 ～ 9 个簇生；花褐黄色，芳香。浆果卵形，暗蓝色，有白粉。花期 3 ～ 4 月，果期 8 ～ 9 月。

【生态习性】耐半阴。喜温暖湿润气候，不耐严寒。可在酸性土、中性土至弱碱性土壤中生长，但以排水良好的砂质土壤为宜。

【分布】产于我国秦岭、大别山以南，南至华南，东至华东，西至四川、贵州。我校老图书馆2部后、教学主楼等处有栽培。

【观赏价值及应用】在园林中可植为绿篱，在果园、菜园的四角作为边界林，还可盆栽放在门厅入口、招待所、会议室。

259 花叶胡颓子

Elaeagnus pungens var. *variegata* Redh.

别名：金边胡颓子
科属：胡颓子科胡颓子属

【生物学特征】胡颓子的园艺变种。常绿灌木，高可达 4m。侧枝稠密并向外围扩展，枝条具刺，小枝褐色，上面被很厚的银白色鳞片。叶互生，叶片椭圆形至长椭圆形，长 5 ～ 10cm，先端渐尖，基部圆形，边缘具波浪状扭曲；幼时表面有鳞斑，长大后变得平滑且具光泽，背面幼时具银白色的鳞斑，长大以后变为淡绿色。花 1 ～ 3 朵着生于叶腋间。果熟后呈红色，形美色艳。花期 9 ～ 11 月，果期翌年 5 月。

【生态习性】喜阳光，也耐半阴。生长适温为 24 ～ 34℃，耐高温酷暑。抗寒力比较强，能忍耐 -8℃左右的低温，在华北南部可露地越冬。耐干旱和瘠薄，不耐水涝。对土壤要求不严，在中性、酸性和石灰质土壤上均能生长。

【分布】分布于我国江苏、浙江、福建、安徽、江西、湖北、湖南、贵州、广东、广西等地；日本也有分布。我校开放性综合实训大楼前有种植。

【观赏价值及应用】枝条交错，叶面深绿色，叶背银色，叶边缘镶嵌黄斑，异常美观。主要用于庭院、公园、码头、道路绿化带等绿化造景，有较强的层次感。还可制作盆景，用于点缀居室。

芭蕉

Musa basjoo Sieb. et Zucc.

别名：甘蕉、板蕉、牙蕉
科属：芭蕉科芭蕉属

【生物学特征】多年生草本，高 2.5 ～ 4m。叶子大而宽，叶面鲜绿色，有光泽。花序顶生，下垂；苞片红褐色或紫色。浆果三棱状，长圆形，具 3 ～ 5 棱，近无柄，肉质，内具多数种子。花期 5 ～ 6 月，果期 8 ～ 10 月。

【生态习性】耐半阴。喜温暖，耐寒力弱，适应性较强。茎分生能力强，生长较快。

【分布】多产于亚热带地区，南方大部分地区及陕西、甘肃、河南部分地区有栽培。我校培训楼前、玉瑶缘小游园等处有栽培。

【观赏价值及应用】中唐之后，芭蕉在园林中的种植逐渐普及，尤其宋、元、明、清时期，芭蕉已经成为园林中重要的植物，并形成一定的园林种植规模和造景模式。其可丛植于庭前屋后，掩映成趣，彰显清雅秀丽的逸姿。还常与其他植物搭配种植，组合成景。其中，蕉竹配置是最为常见的组合，二者生态习性、地域分布、物色神韵颇为相近，有“双清”之称。还可以制作盆景，是古人喜欢的一种清玩。

261 鹤望兰

Strelitzia reginae Aiton

别名：天堂鸟、极乐鸟花

科属：鹤望兰科鹤望兰属

【生物学特征】多年生草本，无茎。叶片长圆状披针形，长 25 ～ 45cm，宽 10cm，顶端急尖；叶柄细长。花数朵生于总花梗上，下托一佛焰苞；佛焰苞绿色，边紫红，萼片橙黄色，花瓣暗蓝色；雄蕊与花瓣等长，花药狭线形，花柱凸出，柱头 3。蒴果，表面具棱，成熟后开裂。花果期 5 ～ 11 月。

【生态习性】亚热带长日照植物。喜温暖、湿润、阳光充足的环境，畏严寒，忌酷热。生长期适温为 20 ～ 28℃。忌旱，忌涝。要求疏松、肥沃、排水良好、pH 6 ～ 7 的砂壤土。

【分布】原产于非洲南部；我国南方大城市的公园、花圃有栽培，北方则为温室栽培。我校校园花圃及生态湖边有栽培。

【观赏价值及应用】四季常青，叶大姿美，花形奇特。可丛植于院角，用于庭院造景和花坛、花境的点缀。

262 冷水花

Pilea notata C. H. Wright

别名：透明草、透白草、铝叶草、白雪草、长柄冷水麻

科属：荨麻科冷水花属

【生物学特征】多年生草本，具匍匐茎。茎肉质，纤细，中部稍膨大，高 25 ～ 70cm，粗 2 ～ 4mm，无毛，稀上部有短柔毛，密布条形钟乳体。叶纸质，狭卵形、卵状披针形或卵形，长 4 ～ 11cm，宽 1.5 ～ 4.5cm，先端尾状渐尖或渐尖，基部圆形，稀宽楔形，边缘自下部至先端有浅锯齿，稀有重锯齿，基出脉 3 条；叶柄纤细；托叶大，带绿色，长圆形，脱落。花雌雄异株。瘦果小，圆卵形，顶端歪斜，熟时绿褐色，

有明显刺状小疣点凸起。花期 6 ~ 9 月，果期 9 ~ 11 月。

【生态习性】喜温暖湿润气候，生长适宜温度为 15 ~ 25℃，冬季不可低于 5℃。喜疏松、肥沃的砂土。

【分布】产于我国除东北、西北以外的大部分地区；日本也有分布。生于海拔 300 ~ 1500m 山谷、溪旁或林下阴湿处。我校玉瑶缘小游园、教师公寓、垂直绿化墙上有种植。

【观赏价值及应用】适应性强，容易繁殖，比较好养，株丛小巧素雅，叶色绿白分明，纹样美丽，是相当时兴的小型观叶植物。茎翠绿可爱，可作地被材料。陈设于书房、卧室，清雅宜人。也可悬吊于窗前，绿叶垂下，妩媚可爱。

网纹草

Fittonia albivenis (Veitch) Brummitt

别名：银网草

科属：爵床科网纹草属

【生物学特征】多年生草本。植株低矮，高 5 ~ 20cm。蔓生，匍匐茎节易生根。茎枝、叶柄、花梗均密被茸毛。叶十字对生，卵形或椭圆形，绿色，密布红色或白色叶脉，纵横交替，形成网状。顶生穗状花序，花小，黄色。蒴果，内含种子 2 颗，成熟后爆裂。花期 9 ~ 11 月，果期 12 月至翌年 2 月。

【生态习性】喜散射光，忌直射光。喜高温多湿和半阴环境，水分蒸发量大。适宜生长在富含腐殖质的砂质壤土。

【分布】原产于南美洲热带地区，我国广泛栽培。我校园林大棚中有栽培。

【观赏价值及应用】常绿草本，姿态轻盈，植株小巧玲珑，叶脉清晰，纹理匀称，叶色淡雅，深受人们喜爱。

264 肾蕨

Nephrolepis cordifolia (L.) C. Presl

别名：石黄皮

科属：肾蕨科肾蕨属

【生物学特征】多年生附生或土生草本。根状茎直立，被蓬松的淡棕色长钻形鳞片，下部有粗铁丝状的匍匐茎向四方横展；匍匐茎棕褐色，粗约1mm，长达30cm，不分枝，疏被鳞片，有纤细的褐棕色须根；匍匐茎上生有近圆形的块茎，直径1～1.5cm，密被与根状茎上同样的鳞片。叶簇生，柄长6～11cm，粗2～3mm，暗褐色，略有光泽，上面有纵沟，下面圆形，密被淡棕色线形鳞片；叶片线状披针形或狭披针形，一回羽状；羽片多数，45～120对，互生，常密集而呈覆瓦状排列，披针形，基部心脏形，通常不对称，叶脉明显。孢子囊群呈1行位于主脉两侧，肾形，少有圆肾形或近圆形；囊群盖肾形，褐棕色，边缘色较淡，无毛。

【生态习性】喜半阴，忌强光直射。喜温暖潮湿的环境，生长适温为16～25℃，不耐寒，冬季不得低于10℃。较耐旱，耐瘠薄。对土壤要求不严，在疏松、透气、富含腐殖质的中性或微酸性砂壤土生长最好。自然萌发力强。

【分布】产于浙江、福建、台湾、湖南南部、广东、海南、广西、贵州、云南和西藏（察隅、墨脱）。我校用作林下植被，在经南楼前绿地、校园花圃周边等多处有栽培。

【观赏价值及应用】盆栽可点缀书桌、茶几、窗台和阳台。也可用吊盆悬挂于客厅和书房。在园林中可作地被植物或布置在墙角、假山和水池边。其叶片可作插花的辅料。

265 吉祥草

Reineckea carnea (Andrews) Kunth

别名：松寿兰、小叶万年青、竹根七、蛇尾七

科属：天门冬科吉祥草属

【生物学特征】多年生草本。茎粗2～3mm，蔓延于地面，逐年向前延长或发出新枝，每节上有一残存的叶鞘；由于茎的连续生长，顶端的叶簇有时似长在

茎的中部，两叶簇间可相距几厘米至逾10cm；叶每簇有3～8片，条形至披针形，长10～38cm，宽0.5～3.5cm，先端渐尖，向下渐狭成柄，深绿色。花莛长5～15cm；穗状花序，上部的花有时仅具雄蕊；花芳香，粉红色；裂片矩圆形。浆果，径0.6～1cm，熟时鲜红色，花果期9～11月。

【生态习性】喜温暖及半阴环境，耐热，耐寒，生长适温15～28℃。耐瘠，不择土壤。

【分布】除西北、东北外，产于我国大部分地区。生于海拔170～3200m阴湿山坡、山谷或密林下。我校大门至运动场主干道两侧树下有栽培。

【观赏价值及应用】株形优美，叶色青翠，是非常好的家庭装饰花卉。终年常绿，覆盖性好，为优良的地被植物，适于庭园的疏林下、坡地、园路边大面积种植，也可用于边角处、假山石边点缀或用作镶边材料。

266 吊兰

Chlorophytum comosum (Thunb.) Baker

别名：垂盆草、挂兰、钓兰、兰草、折鹤兰

科属：天门冬科吊兰属

【生物学特征】多年生草本。根状茎短，根稍肥厚。叶剑形，绿色或有黄色条纹，长10～30cm，宽1～2cm，向两端稍变狭。花莛比叶长，有时长可达50cm，常变为匍枝而在近顶部具叶簇或幼小植株。花白色，常2～4朵簇生，排成疏散的总状花序或圆锥花序；花被片长7～10mm；雄蕊稍短于花被片；花药矩圆形，明显短于花丝，开裂后常卷曲。蒴果三棱状扁球形，每室具种子3～5颗。花期5月，果期8月。

【生态习性】对光线的要求不严，一般适宜在中等光线条件下生长，亦耐弱光。喜温暖湿润的环境，适应性强，较耐旱，不甚耐寒。生长适温为15～25℃，温度为20～24℃时生长最快，低于5℃则易发生寒害。不择土壤，在排水良好、疏松、肥沃的砂质土壤中生长较佳。

【分布】原产于非洲南部，各地广泛栽培。我校校园花圃、园林大棚等处有栽培。

【观赏价值及应用】用于室内盆栽，置书桌或悬挂欣赏，容易养护，深受人们喜爱。

267 天门冬

Asparagus cochinchinensis (Lour.) Merr.

别名：野鸡食

科属：天门冬科天门冬属

【生物学特征】多年生攀缘草本。根在中部或近末端纺锤状膨大，膨大部分长3～5cm，粗1～2cm。茎平滑，常弯曲或扭曲，长可达1～2m，分枝具棱或狭翅。叶状枝通常每3枚成簇，扁平或由于中脉龙骨状而略呈锐三棱形，稍镰刀状，茎上的鳞片状叶基部延伸为长2.5～3.5mm的硬刺，在分枝上的刺较短或不明显。花通常每2朵腋生，淡绿色。浆果直径6～7mm，熟时红色，有1颗种子。花期5～6月，果期8～10月。

【生态习性】喜阴，怕强光，幼苗在强光照条件下生长不良，叶色变黄甚至枯苗。喜温暖，不耐严寒，忌高温。夏季凉爽、冬季温暖、年平均气温18～20℃的地区适宜生长。

【分布】从河北、山西、陕西、甘肃等省份的南部至华东、中南、西南各省份都有分布。常分布于海拔1000m以下山区。我校国旗广场周边有栽培。

【观赏价值及应用】颜色浅绿，叶片细长。盆栽或植于草坪边缘，颇具观赏价值。

268 蓬莱松

Asparagus retrofractus L.

别名：绣球松、水松、松叶文竹、松叶天门冬、松竹草

科属：天门冬科天门冬属

【生物学特征】多年生灌木状草本，高 30 ～ 150cm。具白色肥大肉质根。植株具大量丛生茎，多分枝；茎灰白色，直立或稍铺散，基部木质化。小枝纤细。叶呈短松针状，簇生成团，极似五针松叶；新叶嫩绿色，老叶深绿色。花淡红色至白色，有香气。浆果黑色。花期 7 ～ 8 月，果期 10 ～ 12 月。

【生态习性】喜温暖、湿润和半阴环境。耐寒性较弱，生长适温 20 ～ 30℃，越冬温度不可低于 5℃。夏季气温超过 35℃时生长停止，叶丛发黄。怕强光长时间暴晒和高温，不耐干旱和积水。要适当遮阴，并经常喷水，以保持株丛翠绿、美观。以疏松、肥沃的腐叶土为好。

【分布】原产于南非，世界各地广泛栽培。我校玉瑶缘小游园中有栽培。

【观赏价值及应用】植株丛生，呈放射状分布，具较高的观赏价值。可盆栽布置于厅堂、卧室和阳台等处，切叶可作为插花作品的配叶使用。

269 蜘蛛抱蛋

Aspidistra elatior Blume

别名：一叶兰

科属：天门冬科蜘蛛抱蛋属

【生物学特征】多年生草本。根状茎近圆柱形，直径 5 ～ 10mm，具节和鳞片。叶单生，彼此相距 1 ～ 3cm，矩圆状披针形、披针形至近椭圆形，长 22 ～ 46cm，宽 8 ～ 11cm，先端渐尖，基部楔形，边缘多少皱波状，两面绿色，有时稍具黄白色斑点或条纹；叶柄明显，粗壮，长 5 ～ 35cm。总花梗长 0.5 ～ 2cm；苞片 3 ～ 4，其中 2 片位于花的基部，宽卵形，淡绿色，有时有紫色细点；花被钟状，外面带紫色或暗紫色，内面下部淡紫色或深紫色。浆果球形，径约 1cm，绿色，花柱宿存。种子卵圆形。花期 3 ～ 5 月，果期 7 ～ 8 月。

【生态习性】适应性强，极耐阴。喜

腐殖质层厚、结构疏松、pH 6.5 ～ 7.5 的土壤。

【分布】原产于日本，中国、美国、西班牙有引种栽培。我校多处有栽培。

【观赏价值及应用】株形挺拔整齐，叶色浓绿光亮，姿态优美、淡雅而有风度，是室内绿化装饰的优良观叶植物。适宜在家庭及办公室布置摆放，可以单独布置，也可以与其他观花植物配合布置，以衬托出其他花卉的鲜艳和美丽。

270 文竹

Asparagus setaceus (Kunth) Jessop

别名：云竹

科属：天门冬科天门冬属

【生物学特征】多年生攀缘草本，高可达数米。根稍肉质，细长。茎的分枝极多，分枝近平滑；叶状枝通常每 10 ～ 13 枚成簇，刚毛状，略具三棱，长 4 ～ 5mm；叶基部稍具刺状锯齿。花通常每 1 ～ 3 朵腋生，白色，有短梗，花被片长约 7mm。浆果直径 6 ～ 7mm，熟时紫黑色，有 1 ～ 3 颗种子。花期 9 ～ 10 月，果期 10 ～ 12 月。

【生态习性】喜温暖湿润和半阴、通风的环境，冬季不耐严寒。不耐干旱，夏季忌阳光直射。

【分布】原产于非洲南部，广泛栽培。我校校园花圃内有栽培。

【观赏价值及应用】体态轻盈，姿态潇洒，文雅娴静，具有极高的观赏价值，可放置于客厅、书房，增添书香气息。

271 朱蕉

Cordyline fruticosa (Linn) A. Chevalier

别名：朱竹、铁莲草、红铁树
科属：天门冬科朱蕉属

【生物学特征】灌木状。茎直立，高 1 ～ 3m，有时稍分枝。叶长圆形或长圆状披针形，长 25 ～ 50cm，宽 5 ～ 10cm，绿或带紫红色；叶柄有槽，长 10 ～ 30cm，基部宽，抱茎。花序长 30 ～ 60cm，侧枝基部有大苞片，每花有 3 片苞片；花淡红、青紫或黄色，长约 1cm；花梗短，稀长 3 ～ 4mm；外轮花被片下部紧贴内轮形成花被筒，上部盛开时外弯或反折；雄蕊生于花被筒的喉部，稍短于花被；花柱细长。花期 11 月至翌年 3 月，偶见结实，果期 6 ～ 9 月。

【生态习性】喜温暖、湿润，生长适温 20 ～ 28℃。夏季白天 25 ～ 30℃，冬季夜间温度 7 ～ 10℃。忌夏季高温和日光暴晒，在疏荫条件下生长良好。耐水湿，怕干旱。要求肥沃、疏松和排水良好的砂质壤土，不耐盐碱和酸性土。

【分布】原产地不详，广泛栽种于亚洲温暖地区。我校培训楼上坡处有栽培。

【观赏价值及应用】株形美观，叶色高雅，盆栽用于室内装饰，点缀客室和窗台，优雅别致。也可成片摆放于会场、公共场所、厅室出入口，端庄整齐，清新悦目。

花叶长果山菅

Dianella tasmanica Hook. f. 'Variegata'

别名：银边山菅兰
科属：阿福花科山菅兰属

【生物学特征】多年生草本。根状茎横走，结节状，节上生纤细而硬的须根。茎挺直，坚韧，近圆柱形。叶近基生，2 列，叶片革质，线状披针形，边缘有淡黄色边。花莛从叶丛中抽出，圆锥花序长 10 ～ 30cm；花淡紫色、绿白色至淡黄色，小花梗短，苞片匙形；花被裂片 6，2 轮，披针形；雄蕊 6；子房上位，花柱线状。浆果紫蓝色。花期 6 ～ 11 月，果期 8 ～ 11 月。

【生态习性】喜半阴或光线充足的环

境。喜高温湿润气候，5℃以上能正常越冬。不拘土质，不耐旱。

【分布】生于海拔 1700m 以下的林下、山坡或草丛中。我国亚热带地区以南均有栽培。我校立雪亭前有栽培。

【观赏价值及应用】株形优美，叶色秀丽，叶边缘具银白色条纹，清逸美观。在园林中常作地被植物，用于林下、园路边、山石旁。在室内也可盆栽供观赏。

273 三色千年木

Dracaena marginata 'Tricolor'

别名：红边龙血树、马尾铁

科属：天门冬科龙血树属

【生物学特征】常绿灌木，高 3 ～ 10m。茎干灰褐色，圆柱形。叶片簇生于茎干顶端，中间绿色，通常叶缘夹杂着几条不规则的紫红色或嫩黄色条纹。总状花序生于茎或枝顶端。浆果，具 1 ～ 3 颗种子。花期一般在 9 ～ 10 月，花后结果。

【生态习性】喜高温多湿和阳光充足的环境，畏惧寒冷。生长适宜温度为 20 ～ 30℃。耐旱。

【分布】原产于非洲热带地区，我国华南地区有引种栽培。我校立雪亭前、图书馆侧有栽培。

【观赏价值及应用】多用于装饰公共空间。可作小型或中型盆栽，是室内、桌案、窗台上陈设的观叶佳品，也适合摆放在楼梯转角等宽敞空间。叶片与根部能吸收二甲苯、甲苯、三氯乙烯、苯和甲醛，并将其分解为无毒物质。

274 四色栉花竹芋

Ctenanthe oppenheimiana (E. Morren) K. Schum. 'Quadricolor'

别名：七彩竹芋

科属：竹芋科栉花芋属

【生物学特征】多年生草本。叶片披针形，全缘，叶面绿色，沿羽状侧脉散生不规则的银灰色、绿色和白色斑纹，叶背紫红色，叶柄上端有一段呈紫红色。苞片红色、蜡质。花期4～5月，偶见结实，果期6～7月。

【生态习性】喜半阴和温暖湿润气候。稍耐热，不耐寒，气温低于5℃无法正常越冬。忌涝，喜疏松透气、排水良好且营养丰富的微酸性土壤。

【分布】原产于巴西，广泛栽培于热带、亚热带地区。我校学生活动中心前、校园花圃、教师宿舍1栋周边等处有栽培。

【观赏价值及应用】株形丰满，叶色斑斓，为优良的观叶植物。可栽植于庭院、道路旁半阴环境，也可室内盆栽观赏。

275 再力花

Thalia dealbata Fraser

别名：水竹芋、水莲蕉

科属：竹芋科水竹芋属

【生物学特征】多年生挺水草本，植株高100～250cm。叶基生，4～6片；叶柄较长，40～80cm，下部鞘状，基部略膨大，顶端和基部红褐色或淡黄褐色；叶片卵状披针形至长椭圆形，长20～50cm，宽10～20cm，硬纸质，浅灰绿色，边缘紫色，全缘；叶背表面被白粉，叶腹面具稀疏柔毛；叶基圆钝，叶尖锐尖；横出平行叶脉。复穗状花序生于由叶鞘内抽出的总花梗顶端。蒴果近圆球形或倒卵状球形。成熟种子棕褐色。花期4～10月，果期9～10月。

【生态习性】适生于缓流和静水水域。从水深0.6m浅水水域直到岸边均生长良好。喜温暖、水湿、阳光充足环境，不耐寒冷和干旱，耐半阴。最适生长温度为20～30℃，低于20℃生长缓慢，10℃以下则几乎停止生长，能短暂忍耐-5℃低温。0℃以下时地上部分逐渐枯死，以根状茎在泥里越冬。在微碱性的土壤中生长良好。

【分布】原产于美国南部和墨西哥，我国南方常见栽培。主要生长于河流、水田、池塘、湖泊、沼泽以及滨海滩涂等水湿低地。我校立雪湖中有栽培。

【观赏价值及应用】株形美观洒脱，是水体绿化的上品花卉。除供观赏外，还有净化水质的作用，常成片种植于水池或湿地，也可盆栽观赏或种植于庭院水体景观中。

276 吊竹梅

Tradescantia zebrina Bosse

别名：水竹草

科属：鸭跖草科紫露草属

【生物学特征】多年生蔓生草本，蔓长 30 ～ 50cm。叶互生，长卵形，先端尖，基部钝，叶面光滑，叶色多变，绿色带白色或紫红色条纹，叶背淡紫红色。花数朵，聚生于小枝顶部的两片叶状苞片内，花瓣粉红色。蒴果。花期 6 ～ 8 月，果期 8 ～ 9 月。

【生态习性】喜温暖及阳光充足的环境，也耐荫蔽。耐热，不耐寒，生长适温 18 ～ 30℃。忌水湿，喜排水良好的砂质土壤。

【分布】原产于美洲热带地区，广泛栽培于热带、亚热带地区。我校匠心园有栽培。

【观赏价值及应用】枝叶匍匐悬垂，叶色丰富，有绿、银白、紫、墨绿等色，极具观赏性。适合在荫蔽的园路边、山石或滨水的池边种植观赏，或于疏林下作地被植物。盆栽可于棚架、廊架悬挂栽培打造立体景观。

277 紫竹梅

Tradescantia pallida (Rose) D. R. Hunt

别名：紫鸭跖草、紫竹兰、紫锦草
科属：鸭跖草科紫露草属

【生物学特征】多年生草本。株高30～50cm，匍匐或下垂。叶长椭圆形，卷曲，先端渐尖，基部抱茎，叶片紫色，具白色短茸毛。花粉红色或玫瑰紫色，近无柄，数朵密生在二叉状短缩花序柄上。蒴果。花期6～9月，果期7～10月。

【生态习性】喜温暖湿润和半阴，忌阳光暴晒。不耐寒，最适生长温度为20～30℃，夜间温度10～18℃生长良好，低于10℃停止生长。对干旱有较强的适应能力。对土壤要求不严，适宜肥沃、湿润的壤土。

【分布】原产于墨西哥，全国各地有栽培。我校行政楼东侧花坛及信息楼东侧垂直绿化墙上有栽培。

【观赏价值及应用】叶色美观，为著名的观叶植物。性强健，生长快，可用于庭院的花坛、园路、草坪镶边，或植于石墙的石隙中用于立体绿化，也适合与其他色叶植物搭配营造不同色块景观。盆栽可用于居室绿化。

278 春羽

Thaumatophyllum bipinnatifidum (Schott ex Endl.) Sakur. Calazans et Mayo

别名：喜林芋、蔓绿绒
科属：天南星科喜林芋属

【生物学特征】多年生草本，株高50～100cm。具短茎，成年株茎常匍匐生长。老叶不断脱落，新叶主要生于茎的顶端，宽心脏形，羽状深裂，裂片宽披针形，边缘浅波状，有时皱卷；叶柄粗壮，较长。佛焰苞外面绿色，内面黄白色；肉穗花序，白色；花单性，无花被。浆果。花期多在春季，果期6～8月。

【生态习性】喜温暖及阳光充足的环境，耐半阴。耐热，不耐寒，生长适温20～28℃。喜湿润，喜肥沃、疏松和排水良好的微酸性砂质壤土。

【分布】原产于巴西、巴拉圭等南美洲热带地区，在我国亚热带地区广泛种植。我校家属楼周边有栽培。

【观赏价值及应用】株形美观，叶姿秀丽，终年常绿，花序大，有较强的观赏性。常用于水岸边、林下、路边或角隅栽培观赏，多丛植造景。

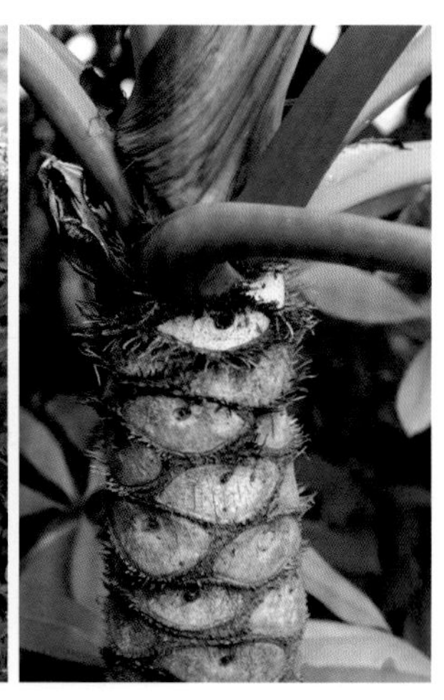

279 龟背竹
Monstera deliciosa Liebm.

别名：蓬莱蕉、铁丝兰、穿孔喜林芋
科属：天南星科龟背竹属

【生物学特征】多年生攀缘草本。茎粗壮，绿色，长 3 ～ 6m，节间长 6 ～ 7cm，具气生根。叶片厚革质，心状卵形，宽 40 ～ 60cm，下面绿白色，边缘羽状分裂，侧脉间有空洞 8 ～ 10 对，网脉不明显。花序梗绿色，粗糙；佛焰苞厚革质，宽卵形，舟状，近直立，先端具喙，苍白带黄色；肉穗花序近圆柱形，淡黄色；雄蕊花丝线形，花粉黄白色；雌蕊陀螺状，长 7 ～ 8mm，柱头线形，黄色。浆果淡黄色。花期 7 ～ 8 月，果期 8 ～ 10 月。

【生态习性】喜温暖湿润和遮阴的环境，忌强光暴晒，不耐寒。生长适温 20 ～ 30℃，15℃停止生长，越冬温度 5℃。多温室栽培，春、夏、秋三季生长过程中保持盆中有充足水分。

【分布】原产于墨西哥。我校校园花圃有栽培。

【观赏价值及应用】叶形奇特，孔裂纹状，极像龟背。其叶常年碧绿，茎粗壮，节上有较大的新月形叶痕，生有索状肉质气生根，极为耐阴，是室内大型盆栽观叶植物。

绿萝

Epipremnum aureum (Linden et Andre) Bunting

别名：黄金葛、黄金藤

科属：天南星科麒麟叶属

【生物学特征】高大藤本。茎攀缘，节间具纵槽。多分枝，枝悬垂。成熟枝上叶柄粗壮，基部稍扩大，叶鞘长；叶片薄革质，翠绿色，通常（特别是叶面）有多数不规则的纯黄色斑块，全缘，不等侧的卵形或卵状长圆形，先端短渐尖，基部深心形。室内栽培未见开花和结果。

【生态习性】耐阴，忌阳光直射。喜湿热，越冬温度不应低于10℃。喜富含腐殖质、疏松、微酸性的土壤。

【分布】原产于所罗门群岛。我校校园花圃及各办公室有栽培。

【观赏价值及应用】缠绕性强，气生根发达，既可让其攀附于用棕榈扎成的圆柱上，摆于门厅、宾馆，也可培养成悬垂状置于书房、窗台，是一种较适合室内摆放的花卉。

281 ‘白掌’

Spathiphyllum floribundum N. E. Br. ‘Clevelandii’

别名：苞叶芋、一帆风顺、白鹤芋

科属：天南星科白鹤芋属

【生物学特征】多年生草本，株高40～60cm。具短根茎，多为丛生状。叶长圆形或近披针形，两端渐尖，基部楔形。佛焰苞微香，苞片呈叶状，白色或绿色。人工栽培全年可开花结果。因花由一片白色的苞片和一个黄白色的肉穗花序组成，酷似手掌，故而得名。花期6～8月，果期8～9月。

【生态习性】喜温暖湿润和半阴的环境，忌强烈阳光直射。不耐寒，生长适温为20～28℃，越冬温度为10℃以上。要求肥沃、疏松透气、排水良好的栽培基质。

【分布】原产于哥伦比亚。我校校园花圃及各办公室有栽培。

【观赏价值及应用】花叶美观，轻盈多姿，生长旺盛，且耐阴，常用于室内美化装饰。

广东万年青

Aglaonema modestum Schott ex Engl.

别名：万年青

科属：天南星科广东万年青属

【生物学特征】多年生草本，高 40 ~ 70cm，节间长 1 ~ 2cm。鳞叶革质，披针形，长 7 ~ 8cm，长渐尖，基部扩大抱茎；叶柄长 5 ~ 20cm，1/2 以上具鞘。花序柄纤细，长 5 ~ 10cm；佛焰苞长 5.5 ~ 6cm，宽 1.5cm，长圆状披针形；雌花序长 5 ~ 7mm，粗 5mm；雄花序长 2 ~ 3cm，粗 3 ~ 4mm，雄蕊顶端常四方形。浆果绿色至黄红色，长圆形，长约 2cm。花期 5 ~ 6 月，果期 10 ~ 11 月。

【生态习性】喜温暖湿润的环境，耐阴，忌阳光直射，不耐寒。生长最适温度为 25 ~ 30℃，相对湿度为 70% ~ 90%。要求疏松、肥沃、排水良好的微酸性土壤。

【分布】我国南北各省份常盆栽置于室内观赏。我校校园花圃有栽培。

【观赏价值及应用】极耐阴，陈设于居室，能保持四季苍翠。也可剪叶作插花配叶或装饰室外环境。

‘吉祥’粗肋草
Aglaonema ‘Lady Valentine’

别名：粗肋草
科属：天南星科广东万年青属

【生物学特征】多年生草本。株型中等，株高30～60cm，多呈直立状。根系发达，具有地下根茎，可以萌芽生出分株。叶片椭圆形，革质，边缘绿色，内部呈斑块状红色，叶斑面积75%～100%，叶柄基部鞘状。成株能开花，雌雄同株异花，单性花，佛焰苞小，绿色或淡黄色，肉穗花序与佛焰苞等长或较短。浆果橙红色。花期5～6月，果期6～8月。

【生态习性】耐阴，忌阳光暴晒。喜温暖气候，耐高温，不耐寒。生长适温20～30℃，冬季温度不得低于10℃。耐干旱。要求肥沃、疏松、透气、排水良好的栽培基质。

【分布】原产于亚洲热带地区。我校校园花圃及各办公室有栽培。

【观赏价值及应用】叶色明亮，幼株小盆栽可置于案头、窗台观赏；中型盆栽可放于客厅墙角、沙发边作为装饰，令室内充满生机，秋、冬配以红色的叶片，更增添色彩，有较高观赏价值。

菖蒲
Acorus calamus L.

别名：泥菖蒲、野菖蒲、臭菖蒲、山菖蒲
科属：菖蒲科菖蒲属

【生物学特征】多年生草本。根状茎横走，稍扁，分枝，径0.5～1cm，黄褐色，芳香。叶基生，基部两侧膜质叶鞘宽4～5mm，向上渐窄，脱落；叶片草质，绿色，光亮，剑状线形，长0.9～1.5m，基部对褶，中部以上渐窄；两面中肋隆起，侧脉3～5对，平行，纤弱，伸至叶尖。花序梗二棱形，长40～50cm；叶状佛焰苞剑状线形，长30～40cm；肉穗花序斜上或近直立，圆柱形，长4.5～6.5cm。浆果长圆形，成熟时红色。花期6～9月，果期8～10月。

【生态习性】喜冷凉湿润气候，耐寒，忌干旱。最适宜生长的温度为20～25℃，10℃以下停止生长，冬季以地下茎潜入泥中越冬。

【分布】原产于中国及日本。生于海拔1750m以下的水边、沼泽湿地或湖泊浮岛上，也常有栽培。我校校园花圃有栽培。

【观赏价值及应用】叶丛翠绿，端庄秀丽，具有香气。丛植于湖、塘岸边，或点缀于庭园水景和临水假山一隅，有良好的观赏价值。也可盆栽观赏或作布景用。叶、花序还可以作插花材料。

285 风车草

Cyperus involucratus Rottboll

别名：伞草

科属：莎草科莎草属

【生物学特征】多年生草本，高30～150cm。须根坚硬。根状茎短，粗大；秆稍粗壮，近圆柱状，上部稍粗糙，基部包以无叶的鞘，鞘棕色。辐射枝最长达7cm，每个第一次辐射枝具4～10个第二次辐射枝，最长达15cm。小穗密集于第二次辐射枝上端，椭圆形或长圆状披针形，具6～26朵花；小穗轴不具翅；鳞片紧密，覆瓦状排列，膜质，卵形，顶端渐尖，苍白色，具锈色斑点，或为黄褐色，具3～5条脉；苞片20，向四周平展；花柱短，柱头3。小坚果椭圆形，近三棱形，长为鳞片的1/3，褐色。花期6～9月，果期8～10月。

【生态习性】喜温暖、阴湿及通风良好的环境，适应性强。对土壤要求不严格，以保水强的肥沃土壤最适宜。在沼泽地及长期积水的湿地也能生长良好。

【分布】原产于非洲。广泛分布于森林、草原地区的湖泊及河流边缘的沼泽中。我校生态湖、立雪湖等处有栽培。

【观赏价值及应用】常依水而生，植株茂密，丛生，茎秆秀雅挺拔，叶伞状，奇特优美，是园林水体造景常用的观叶植物。种植于溪流岸边，与假山、礁石搭配，四季常绿，风姿绰约，尽显安然娴静的自然美。

286 ‘花叶’芦竹

Arundo donax L. ‘Versicolor’

别名：变叶芦竹

科属：禾本科芦竹属

【生物学特征】多年生草本，具发达根状茎。秆粗大直立，高 3 ～ 6m，直径 1.5 ～ 2.5cm，坚韧，具多数节，常分枝。叶鞘长于节间，无毛或颈部具长柔毛；叶舌截平，长约 1.5mm，先端具短纤毛；叶片扁平，具白色纵长条纹，上面与边缘微粗糙，基部白色，抱茎。圆锥花序极大型，长 30 ～ 60cm，宽 5 ～ 10cm，分枝密，斜升。颖果细小，黑色。花期 9 ～ 11 月，果期 10 ～ 12 月。

【生态习性】喜光，喜温。耐水湿，不耐干旱。喜疏松、肥沃及排水良好的砂壤土。

【分布】原产于地中海一带，广泛栽培。常生长于河边、沼泽地、湖边，大面积形成芦苇荡。我校生态湖边和立雪湖边有栽培。

【观赏价值及应用】茎干高大挺拔，形状似竹。早春叶片黄白条纹相间，后增加绿色条纹，盛夏新生叶则为绿色。在园林绿化中广泛种植。主要用于水景园林背景绿化，也可点缀于桥、亭、榭四周，还可盆栽用于庭院观赏。花序可作切花材料。

287 大头典竹

Bambusa beecheyana var. *pubescens* (P. F. Li) W. C. Lin

别名：大头典、大头甜竹、大头竹

科属：禾本科簕竹属

【生物学特征】丛生竹。茎箨质地坚脆，背部贴生稀疏易落的深棕色小刺毛；箨叶卵状披针形，上面具有淡棕色小刺毛；枝条常反生于主茎上部。每小枝具叶 7 ～ 10 片，叶鞘上部贴生黄棕色细毛；叶片宽披针状或披针状矩圆形、长椭圆形，次脉 11 ～ 15 对，小横脉显著。穗状花序含 6 ～ 8 花，红色或深紫色。笋期 6 ～ 7 月，花期 3 ～ 5 月，果实未见。

【生态习性】喜光。不耐寒，需年平均气温 20℃以上，1 月平均气温 12℃以上。喜疏松透气、排水良好、肥沃且土层深厚的土壤。

【分布】分布于我国华南至西南地区。多生长于平地、山坡或河岸。我校大门两侧有栽培。

【观赏价值及应用】丛生，竹秆高挑，叶大，甚显大气，是美化环境、蓄水保土的优良竹种。

凤尾竹

Bambusa multiplex f. *fernleaf* (R. A. Young) T. P. Yi

别名：观音竹、筋头竹、蓬莱竹

科属：禾本科簕竹属

【生物学特征】丛生竹。秆高 1 ～ 3m，径 0.5 ～ 1.0cm。具叶小枝下垂，每小枝有叶 9 ～ 13 片。叶片小型，线状披针形至披针形，叶细纤柔，弯曲下垂，宛如凤尾。花药紫色，子房卵球形、羽毛状。笋期 3 ～ 4 月，花期不定，成熟颖果未见。

【生态习性】喜温暖湿润和半阴环境，不耐强光暴晒。耐寒性稍差，冬季温度不低于 0℃。怕水渍，宜肥沃、疏松和排水良好的壤土。

【分布】产于广东、广西、四川、福建等地，江苏、浙江一带也有栽培。我校大门前、主楼前等区域有栽培。

【观赏价值及应用】适于在庭院中墙隅、屋角、门旁配置。较小的植株可栽植于花台上，也可制作竹类盆景。在南方地区常作为低矮绿篱的配置材料广泛应用。

289 箬竹

Indocalamus tessellatus (Munro) Keng f.

别名：箬竹、粽叶

科属：禾本科箬竹属

【生物学特征】散生或复丛生竹。秆高 0.75 ～ 2m，直径 4 ～ 7.5mm，节间长约 25cm，圆筒形，在分枝一侧的基部微扁，一般为绿色。叶片在成长植株上稍下弯，宽披针形或长圆状披针形。圆锥花序长 10 ～ 14cm，花序主轴和分枝均密被棕色短柔毛；小穗绿色带紫色，长 2.3 ～ 2.5cm，几呈圆柱形，含 5 或 6 朵小花，为多年生一次性开花的植物，花后秆叶枯黄，成片死亡。笋期 4 ～ 5 月，花期 6 ～ 7 月。

【生态习性】喜温暖湿润气候，耐寒性较差。要求深厚肥沃、疏松透气、排水良好的微酸性至中性土壤。

【分布】分布于我国长江流域及以南大部分地区。我校大门前、校园花圃有栽植。

【观赏价值及应用】叶片硕大，典雅大方。常用于庭院绿化。我国传统节日端午节所吃的粽子就是用箬竹叶包裹的。

〇 地被类

290 红花酢浆草

Oxalis corymbosa DC.

别名：三叶酢浆草、三叶草
科属：酢浆草科酢浆草属

【生物学特征】多年生草本，株高20～25cm。地下部分具鳞状根茎，纺锤形，外被棕褐色硬质皮层，鳞茎直径0.5～3cm。茎基部稍具匍匐性。全株具白色细纤毛，尤以叶缘及叶背较多。掌状复叶基生，具细长柄；小叶3片，倒心形，全缘，先端微凹。花茎从叶基部抽出，伞形花序稍高于叶丛，小花3～10朵；花瓣5，基部连合，深红色带纵裂条纹；萼片覆瓦状排列。蒴果角状，种子细小。花果期3～10月。

【生态习性】耐阴性极强。花、叶对光有敏感性，晴天白天开放，晚上及阴雨天闭合。喜温暖，忌盛夏炎热，不耐寒。喜腐殖质丰富、排水良好的砂质壤土。

【分布】原产于巴西，我国长江以南地区有野生分布。我校各处有野生。

【观赏价值及应用】株形整齐矮小，叶色青翠，花叶秀美，覆盖地面迅速，且能抑制杂草生长，是一种良好的观花地被植物，尤宜在疏林或林缘应用。花期长，花色艳，株丛稳定，宜布置花坛、花境，或盆栽摆放于几案、窗台等，也可用于点缀岩石园。

291 白车轴草

Trifolium repens L.

别名：白三叶、白花三叶草、白三草、车轴草、荷兰翘摇
科属：豆科车轴草

【生物学特征】多年生草本。植株低矮，侧根发达，集中分布于表土15cm以内土层。全株光滑无毛，主茎短，由茎节上长出细软匍匐茎。叶为掌状三出复叶，互生；小叶倒卵形或心脏形，叶缘有细齿，叶面中央有“V”形白斑；叶柄细长、直立，长15～20cm。腋生头形总状花序，花小，白色或略带粉红色。荚果细小，包藏于宿存的花被内，每荚含种子3～4颗。种子黄褐色，有光泽，硬实较多。花果期3～10月。

【生态习性】耐阴，在遮阴的林缘下也能生长。喜温凉湿润气候，适应性强，抗寒、耐热、耐瘠、耐酸。生长适宜温度为19～24℃。对土壤要求不严，只要排水良好，各种土壤皆能生长，尤喜富含钙质及腐殖质的黏质土壤。

【分布】原产于欧洲和北非，广泛分布于亚洲、非洲、大洋洲、美洲。在我国亚热带及暖温带地区分布较广泛。我校各处有栽培。

【观赏价值及应用】花期长，花量大，叶形、叶色美丽，常作为观赏草坪草使用。耐阴性强，用于疏林下绿化效果也较好。具匍匐茎，繁殖力强，叶片大，成坪快，因此能快速覆盖地面，常用于坡面、路旁的绿地，以防水土流失。

马蹄金
Dichondra micrantha Urban

别名：小金钱、小铜钱草、小半边钱、落地金钱、铜钱草、小元宝草

科属：旋花科马蹄金

【生物学特征】多年生匍匐草本。茎细长，被灰色短柔毛，节上生根。叶肾形至圆形，直径 4 ～ 25mm，先端宽圆形或微缺，基部阔心形。花单生于叶腋，花柄短于叶柄，丝状；萼片倒卵状长圆形至匙形，钝，长 2 ～ 3mm，背面及边缘被毛。蒴果近球形，小，短于花萼，直径约 1.5mm，膜质。种子 1 ～ 2，黄色至褐色，无毛。花果期 5 ～ 10 月，一般播种后 2 个月可开花。

【生态习性】既喜光照，又耐荫蔽。喜温暖湿润气候。对土壤要求不严，只要排水条件适中，在砂壤土和黏土上均可种植。生命力旺盛，适应性强，竞争力和侵占性强，而且具有一定的耐践踏能力。多集群生长，片状分布。抗病、抗污染能力强。

【分布】广布于热带和亚热带地区。在我国分布于长江以南各省份。生于长海拔 1300 ～ 1980m 的山坡草地、路旁或沟边。我校行政楼后、设计南楼周边有野生和栽培。

【观赏价值及应用】具有寿命长、绿期久、形态美、易繁殖、易管理、耐荫蔽、耐高温等优点，是一种优良的草坪草及地被绿化材料，堪称“绿色地毯”，适用于公园、庭院绿地等栽培观赏，也可用作沟坡、堤坡、路边等固土材料。

293 麦冬

Ophiopogon japonicus (L. f.) Ker-Gawl.

别名：沿阶草

科属：天门冬科沿阶草属

【生物学特征】多年生草本。根较粗，中间或近末端常膨大成椭圆形或纺锤形的小块根。茎很短。叶基生成丛，禾叶状。苞片披针形，先端渐尖，花白色或淡紫色。种子球形。花期5～8月，果期8～9月。

【生态习性】喜温暖湿润、降雨充沛的气候条件。5～30℃能正常生长，最适生长的气温为15～25℃，低于0℃或高于35℃停止生长。生长过程中需水量大，要求光照充足。对土壤条件有特殊要求，喜土质疏松、肥沃、湿润、排水良好的微碱性砂质壤土。

【分布】原产于中国，日本、越南、印度也有分布。生于海拔2000m以下的山坡阴湿处。中国南方地区均有栽培。我校校园内各处均有分布。

【观赏价值及应用】耐阴，常作树下地被植物。还有‘银边’麦冬、‘金边’阔叶麦冬、‘黑’麦冬等具极佳观赏价值的品种，既可以用来进行室外绿化，又是不可多得的室内盆栽观赏佳品，其开发利用的潜力巨大。国外开发了很多观赏麦冬品种。

294 菲白竹

Pleioblastus fortunei (v. Houtte) Nakai

别名：翠竹

科属：禾本科苦竹属

【生物学特征】小型灌木状竹类。地下茎复轴型，竹鞭粗1～2mm。秆高10～30cm，高大者可达50～80cm；节间细而短小，圆筒形，直径1～2mm，光滑无毛；秆环较平坦或微有隆起；秆不分枝或每节仅分1枝。箨鞘宿存，无毛。小枝具4～7叶；叶鞘无毛，鞘口繸毛白色并不粗糙；叶片短小，披针形，先端渐尖，基部宽楔形或近圆形；两面均具白色柔毛，尤以下表面较密，叶面通常有黄色或浅黄色乃至近于白色的纵条纹。

【生态习性】喜温暖湿润、阳光充足的环境。耐寒性较强，有较好的耐阴性。不耐烈日照射，不耐高温炎热。怕干旱，畏积水，忌盐碱。栽培以疏松肥沃、排水良好的砂壤土为最佳。

【分布】原产于日本，我国华东地区如浙江（安吉、杭州）、江苏（南京）、上海有引种栽培。我校图书馆2部前有栽培。

【观赏价值及应用】小型地被竹类，具有很强的耐阴性，可以在林下生长，在园林中应用越来越多。

295 细叶结缕草

Zoysia pacifica (Goudswaard) M. Hotta et S. Kuroki

别名：台湾草

科属：禾本科结缕草属

【生物学特征】多年生草本。具匍匐茎。秆纤细，高 5 ～ 10cm。叶鞘无毛，紧密裹茎；叶舌膜质，长约 0.3mm，顶端碎裂为纤毛状，鞘口具丝状长毛。小穗窄狭，黄绿色，或有时略带紫色，长约 3mm，宽约 0.6mm，披针形；第一颖退化，第二颖革质，顶端及边缘膜质，具不明显的 5 脉；外稃与第二颖近等长，具 1 脉，内稃退化；无鳞被；花药长约 0.8mm，花柱 2，柱头帚状。颖果与稃体分离。花果期 8 ～ 12 月。

【生态习性】喜光，不耐阴。适于热带、亚热带地区，生长适温为 20 ～ 30℃，耐寒能力弱，在低温（5℃）时会停止生长，叶色变黄、变枯，影响其美观性。对土壤要求不严，以肥沃、pH 6 ～ 7.8 的土壤最为适宜。

【分布】分布于我国南部地区，其他地区亦有引种栽培；亚洲热带地区、欧美各国普遍引种。我校文旅楼前有栽培。

【观赏价值及应用】可制作造型供观赏。耐践踏性强，因此也可用作运动场、飞机场及各种娱乐场所的美化植物。

296 沟叶结缕草

Zoysia matrella (L.) Merr.

别名：马尼拉草

科属：禾本科结缕草属

【生物学特征】多年生草本。具横走根状茎，须根细弱。秆直立，高 12 ～ 20cm，基部节间短，每节具一至数个分枝。叶鞘长于节间，除鞘口具长柔毛外，余无毛；叶舌短而不明显，顶端撕裂为短柔毛；叶片质硬，内卷，上面具沟，无毛，长可达 3cm，宽 1 ～ 2mm，顶端尖锐。总状花序呈细柱形，小穗柄紧贴穗轴；具 3（5）脉，沿中脉两侧压扁。颖果长卵形，棕褐色，长约1.5mm。花果期7～10月。

【生态习性】喜光，不耐阴。适于热带、亚热带地区，生长适温为20～30℃，耐寒能力差，在低温（5℃）时会停止生长，叶色变黄、变枯，影响其美观性。对土壤要求不严，以肥沃、pH 6～7.8的土壤最为适宜。耐践踏，抗性强。

【分布】亚洲和大洋洲的热带地区有分布，在我国分布于台湾、广东、海南。生于海岸沙地上。我国东部、中部、南部等地区应用较多。我校各处有铺植。

【观赏价值及应用】该草形成的草坪低矮平整，茎叶纤细美观，具有一定的弹性，加上侵占力强，易形成草皮，所以常栽种于花坛内形成封闭式花坛草坪或制作草坪造型供观赏。耐践踏性强，因此也可用作运动场、飞机场及各种娱乐场所的美化植物。

297 狗牙根

Cynodon dactylon (L.) Pers.

别名：绊根草

科属：禾本科狗牙根属

【生物学特征】多年生草本，高可达30cm。秆细而坚韧，下部匍匐地面蔓延甚长，节上常生不定根；秆壁厚，光滑无毛，有时略两侧压扁。叶鞘微具脊，叶舌仅为一轮纤毛；叶片线形，通常两面无毛。穗状花序，小穗灰绿色或带紫色，花小，花药淡紫色，柱头紫红色。颖果长圆柱形。5～10月开花结果。

【生态习性】适合于温暖潮湿至半干旱地区生长，极耐热和抗旱，抗寒性差，不耐阴。喜排水良好的肥沃土壤。耐践踏。

【分布】全世界温暖地区均有分布。广布于我国黄河以南各省份。多生长于路旁、河岸、荒地山坡。我校各处有栽培和野生。

【观赏价值及应用】根茎蔓延能力很强，广铺地面，为良好的固堤保土植物，常用以铺建草坪或球场。

298 杂交狗牙根

Cynodon dactylon × *Cynodon transvalensis*

别名：天堂草

科属：禾本科狗牙根属

【生物学特征】人工培育的杂交草种，由普通狗牙根与非洲狗牙根杂交后，在其子一代的杂交种中分离筛选出来，是美国杂交狗牙根梯弗顿系列的简称。多年生草本。具有发达根状茎和匍匐茎，茎秆平卧部分可长达1m，节间长短不一。株丛密集、低矮，可以形成致密的草皮。幼叶折叠形，成熟的叶片呈扁平的线条形，长3.8～8cm，叶宽由普通狗牙根的中等质地到非洲狗牙根的很细质地不等，叶端渐尖，边缘有细齿，颜色由浅绿色到深绿色。

【生态习性】喜光，耐阴性差。具有一定的耐寒性，但当土壤温度低于10℃时开始褪色，并且直到春天高于这个温度时才逐渐恢复。喜排水良好的肥沃土壤。

【分布】我国长江以南各地都有引种栽培。我校大门前绿地有栽培。

【观赏价值及应用】耐频繁的低修剪，耐践踏，且践踏后易于修复。在适宜的气候和栽培条件下，能形成整齐、致密、侵占性强的优质草坪。常用在高尔夫球场果岭、球道、发球台等，以及足球场、草地网球场等体育场。

299 黑麦草

Lolium perenne L.

别名：宿根黑麦草、黑麦草

科属：禾本科黑麦草属

【生物学特征】多年生疏丛型草本。具短根状茎；茎直立，丛生，高50～100cm。叶鞘疏松；叶片窄长，边缘粗糙，幼叶折叠于芽中，深绿色，具光泽，富弹性，叶脉明显，叶舌膜质。穗状花序稍弯曲，可达30cm；小穗扁平无柄，互生于穗轴两侧，每小穗含3～10朵可育小花；颖短于小穗，具5脉，边缘膜质；外稃披针形，无芒或有短芒；内稃与外稃等长，脊上有短纤毛。种子狭长，成熟后易脱落。花期3～4月，果期5～6月。

【生态习性】喜温凉湿润气候。宜于夏季凉爽、冬季不太寒冷地区生长。抗寒、抗霜，不耐热。抗寒性较草地早熟禾弱，抗热性不及高羊茅。春季生长快，炎热的夏季呈休眠状态，秋季生长较好。

【分布】原产于南欧、北非和亚洲西南部，广泛分布于世界各地的温带地区，是欧洲、新西兰、澳大利亚、北美的优良牧草种类，后经改良成为优良的草坪草。该草由英国引入我国，在全国各地广泛栽培。我校用于交播草坪，于10月在全校绿地中播种。

【观赏价值及应用】一种应用广泛的草坪草。除了作为短期覆盖植被以外，很少单独种植。可与其他草坪草种如草地早熟禾混播，作为混播先锋草种，还可用于快速建坪、水土保持及暖季型草坪的冬季交播。抗二氧化硫等有害气体，因此也用作工矿区特别是冶炼场地草坪建植的材料。

300 地毯草

Axonopus compressus (Sw.) Beauv.

别名：大叶油草

科属：禾本科地毯草属

【生物学特征】多年生草本，高可达60cm。长匍匐枝，秆压扁。匍匐枝蔓延迅速，每节上都生根和抽出新植株，平铺地面呈毯状，故而得名。叶鞘松弛，压扁；叶片扁平，质地柔薄，两面无毛或上面被柔毛，翠绿色，短而钝，长4～6cm，宽8mm左右。每个种柄上分枝形成2～3个总状花序。种子长卵形，棕灰色。

【生态习性】喜光，较耐阴，不耐寒。适于热带、亚热带地区生长。不耐盐，抗旱性比大多数暖季型草坪草差。夏季干旱无雨时，叶尖易干枯。对土壤要求不严，适宜在潮湿、砂质或贫瘠砂壤土上生长，在水淹条件下生长不好。再生力强，耐践踏。

【分布】原产于南美洲，世界各热带、亚热带地区引种栽培。我国台湾、广东、广西、云南等省份有分布。常生于荒野，路旁较潮湿处。我校教师宿舍2栋前有栽培。

【观赏价值及应用】形成粗糙、致密、低矮、淡绿色的草坪，可用于铺设庭园草坪和践踏较轻的草坪。在广州常用其与其他草种混合铺设运动场草坪。耐酸性和较贫瘠的土壤，因此还是优良的固土护坡植物。

301 假俭草

Eremochloa ophiuroides (Munro) Hack.

别名：中国草坪草、蜈蚣草

科属：禾本科蜈蚣草属

【生物学特征】多年生草本。具强壮的匍匐茎；秆斜升，高可达20cm。叶片条形，顶端钝，无毛，顶生叶片退化。总状花序顶生，稍弓曲，压扁，第二小花两性，外稃顶端钝，花药长约2mm，柱头红棕色；有柄小穗退化或仅存小穗柄，披针形，与总状花序轴贴生。花果期夏、秋季。

【生态习性】喜光，也耐阴。耐干旱，较耐践踏。喜疏松的土壤。绿期长，若能保持土壤湿润，冬季无霜冻，可保持常年绿色。

【分布】分布于我国江苏、浙江、安徽、湖北、湖南、福建、台湾、广东、广西、贵州等省份；中南半岛也有分布。生于潮湿草地及河岸、路旁。我校环境楼前、生态湖边及生态苑等处有野生。

【观赏价值及应用】匍匐茎强壮，蔓延力强而迅速，狭叶和匍匐茎平铺地面，能形成致密而平整的草坪，几乎没有其他杂草侵入。耐修剪，抗二氧化硫等有害气体，吸尘、滞尘性能好。

302 早熟禾

Poa annua L.

别名：无

科属：禾本科早熟禾属

【生物学特征】一年生或冬性草本。秆直立或倾斜，质软，高6～30cm。全体平滑无毛。叶鞘稍压扁，中部以下闭合；叶片扁平或对折，质地柔软，常有横脉纹，顶端急尖呈船形，边缘微粗糙。圆锥花序宽卵形，开展；分枝1～3个着生于各节，平滑；小穗卵形，含3～5小花，绿色；外稃卵圆形，顶端与边缘宽膜质，具明显的5脉，脊与边脉下部具柔毛，间脉近基部有柔毛；内稃与外稃近等长，两脊密生丝状毛。花期4～5月，果期6～7月。

【生态习性】喜光，耐阴性也强，可耐50%～70%郁闭度。在-20℃低温下能顺利越冬，-9℃下仍保持绿色。抗热性较差，在气温达到25℃左右时逐渐枯萎。耐旱性较强，对土壤要求不严，耐瘠薄，但不耐水湿。

【分布】分布于我国各省份，欧洲、亚洲及北美也有分布。生长在海拔100～4800m平原和丘陵的路旁草地、田野水沟或荫蔽荒坡湿地。我校各处均有野生。

【观赏价值及应用】质地细软，颜色

鲜绿光亮，绿期长，具有较好的耐践踏性。广泛用于建植庭院、公园、学校等的观赏性草坪以及高尔夫球场、运动场草坪，还可用于堤坝护坡等。

303 高羊茅

Festuca elata Keng ex E. B. Alexeev

别名：无

科属：禾本科羊茅属

【生物学特征】多年生草本。有短的根状茎，显著，宽大，分开，常在边缘有短毛，黄绿色；茎圆形，直立，粗壮，簇生。叶鞘圆形，光滑或有时粗糙，开裂，边缘透明，基部红色；叶片扁平，坚硬，宽 5 ～ 10mm，上面接近顶端处粗糙；叶脉不鲜明，但光滑，有小突起，中脉明显，顶端渐尖，边缘粗糙透明；叶舌膜质，长 0.2 ～ 0.8mm，截平，叶耳小而狭窄。圆锥花序直立或下垂，披针形或卵圆形，有时收缩，轴和分枝粗糙，每一小穗上有小花 4 ～ 5 朵。

【生态习性】耐阴性中等。适宜于寒冷潮湿和温暖潮湿的过渡地带生长。对高温有一定的抵抗能力，在短暂高温条件下，叶的生长受到限制，但仍能保持颜色和外观的一致性。根系分布深且广泛，是较耐旱和耐践踏的冷季型草坪草之一。耐粗放管理。适应的土壤范围很广，但最适宜潮湿、富含有机质的细壤，对肥料反应明显。与大多数冷季型草坪草相比，其更耐盐碱，最适合的 pH 为 5.5 ～ 7.5，适应的 pH 范围为 4.7 ～ 8.5。

【分布】产于广西、四川、贵州。生于路旁、山坡和林下。我校教师宿舍 2 栋前有栽培。

【观赏价值及应用】一般用于建植运动场草坪、绿地草坪、路旁草坪、小道草坪、机场草坪以及其他低质量草坪。建植一般的绿地草坪时，常与狗牙根混播。由于其建坪快，根系深，耐贫瘠土壤，所以还能有效地用于斜坡防固。

○ 其他

304 缩刺仙人掌

Opuntia stricta (Haw.) Haw.

别名：仙巴掌、霸王树、火焰、火掌、牛舌头

科属：仙人掌科仙人掌属

【生物学特征】丛生肉质灌木，高1.5 ～ 3m。上部分枝宽倒卵形、倒卵状椭圆形或近圆形，绿色至蓝绿色，无毛。刺黄色，有淡褐色横纹，坚硬；倒刺直立。叶钻形，绿色，早落。花辐状；花托倒卵形，基部渐狭，绿色；萼状花被黄色，具绿色中肋；花丝淡黄色，花药黄色；花柱淡黄色，柱头黄白色。浆果倒卵球形，顶端凹陷，表面平滑无毛，紫红色，每侧具5 ～ 10个凸起的小窠，小窠具短绵毛、倒刺刚毛和钻形刺。种子多数，扁圆形，边缘稍不规则，无毛，淡黄褐色。花果期6 ～ 10（12）月。

【生态习性】喜光，耐旱，适合在中性、微碱性土壤生长。

【分布】原产于墨西哥、美国、西印度群岛、百慕大群岛和南美洲北部。我国于明末引种，南方沿海地区常见栽培。我校二食堂南面花坛中有栽培。

【观赏价值及应用】花黄色，花期长，颇具观赏价值。通常栽植在围墙边起辅助作用或孤植作围篱。

305 金边龙舌兰

Agave americana var. *marginata* Trel.

别名：金边莲、金边假菠萝、黄边龙舌兰

科属：天门冬科龙舌兰属

【生物学特征】龙舌兰的变种，形态与原种相近。多年生草本。茎短，稍木质。叶丛生，呈莲座状排列；叶片肉质，剑状，主要呈绿色，边缘带有黄白色条，有红或紫褐色顶刺；叶厚，坚硬，较松散，冠径约3m，底部叶较软，匍匐在地，较大叶经常向后反折，少数叶会向内折；叶基部表面凹，背面凸，至叶顶端形成明显的沟槽；叶顶端有1枚硬刺，叶缘具向下弯曲的疏刺。大型圆锥花序高4.5 ～ 8m，上部多分枝；花簇生，有浓烈的臭味；花被基部合生成漏斗状，黄绿色。蒴果长圆形，长约5cm。开花后花序上生成的珠芽极少。一般5 ～ 10年生植株可开花。

【生态习性】喜温、喜光，耐旱，要求土壤疏松、透水。

【分布】原产于美洲，在我国主要分布于西南和华南等热带地区。我校教师宿舍1栋前有栽培。

【观赏价值及应用】多栽培于庭院，盆栽或栽于花槽供观赏。

306 石莲

Sinocrassula indica (Decne.) Berger

别名：宝石花、因地卡

科属：景天科石莲属

【生物学特征】多年生草本。基生叶莲座状，匙状长圆形，长 3.5 ～ 6cm，宽 1 ～ 1.5cm；茎生叶互生，宽倒披针状线形至近倒卵形，向上渐缩小、渐尖。花序圆锥状或近伞房状，总梗长 5 ～ 6cm；苞片似叶，小；萼片 5，宽三角形，先端稍急尖；花瓣 5，红色，披针形至卵形，先端常反折；雄蕊 5；鳞片 5，正方形，先端有微缺。蓇葖果的喙反曲，种子平滑。花期 7 ～ 10 月，果期 9 ～ 11 月。

【生态习性】喜温、喜光，耐旱，要求土壤疏松、透水。

【分布】分布于我国西南、中南至陕西、甘肃；尼泊尔、印度也有分布。生于海拔 800 ～ 2440m 岩石上。我校园林大棚中有栽培。

【观赏价值及应用】常见的多浆植物，叶片莲座状排列，肥厚如翠玉，姿态秀丽，观赏价值较高。可以盆栽，是室内装饰佳品。也可地栽，用于花境点缀。

佛甲草

Sedum lineare Thunb.

别名：佛指甲、铁指甲、狗牙菜、金莿插

科属：景天科景天属

【生物学特征】多年生草本。茎高 10 ～ 20cm。3 叶轮生，少有 4 叶轮生或对生；叶线形，长 20 ～ 25mm，宽约 2mm，先端钝尖，基部无柄，有短距。花序聚伞状，顶生；花瓣 5，黄色，披针形，先端急尖，基部稍狭。蓇葖果略叉开，长 4 ～ 5mm，花柱短。种子小。花期 4 ～ 5 月，果期 6 ～ 7 月。

【生态习性】耐干旱能力强，耐寒性也较强。夏天屋顶温度高达 50 ～ 55℃、连续 20d 不下雨，也不会死亡。适应性强，不择土壤，可以生长在较瘠薄的基质上。

【分布】产于我国云南、四川、贵州、广东、湖南、湖北、甘肃、陕西、河南、安徽、江苏、浙江、福建、台湾、江西；日本也有分布。生于低山或平地草坡上。我校图书馆周边绿地有栽培。

【观赏价值及应用】植株细腻，花美丽，碧绿的小叶宛如翡翠，整齐美观。可盆栽供欣赏，也是优良的地被植物，还可用于屋顶绿化。

308 垂盆草

Sedum sarmentosum Bunge

别名：狗牙半支、狗牙瓣、鼠牙半支、石指甲、佛指甲、打不死

科属：景天科景天属

【生物学特征】多年生草本。不育枝及花茎细，茎匍匐，节上生根，直到花序之下，长 10 ～ 25cm。3 叶轮生，叶倒披针形至长圆形，先端近急尖，基部急狭，有距。聚伞花序，有 3 ～ 5 分枝，花少，宽 5 ～ 6cm，无梗；花瓣 5，黄色，披针形至长圆形，先端有稍长的短尖；雄蕊 10，较花瓣短；鳞片 10，楔状四方形，长 0.5mm，先端稍有微缺。种子卵形，长 0.5mm。花期 5 ～ 7 月，果期 8 月。

【生态习性】对光线要求不严，一般适宜在中等光线条件下生长，亦耐弱光。喜温暖湿润的环境，适应性强，较耐旱、耐寒。生长适温为 15 ～ 25℃，越冬温度为 5℃。不择土壤，在疏松的砂质壤土中生长较佳。

【分布】我国各地均有分布，朝鲜、日本也有分布。我校校园花圃有栽培和野生。

【观赏价值及应用】在屋顶绿化、护坡、地面花坛等城市景观工程中广泛应用。可作为北方屋顶绿化的草坪草，也可作庭院地被栽植材料，还可室内吊挂欣赏。

309 芦荟

Aloe vera (L.) Burm. f.

别名：油葱、库拉索芦荟、美国芦荟、中华芦荟

科属：阿福花科芦荟属

【生物学特征】多年生草本。茎较短。叶近簇生或稍 2 列（幼小植株），肥厚多汁，条状披针形，粉绿色，长 15 ～ 35cm，基部宽 4 ～ 5cm，顶端有几个小齿，边缘疏生刺状小齿。花莛高 60 ～ 90cm，不分枝或有时稍分枝；总状花序具几十朵花；苞片近披针形，先端锐尖；花点垂，稀疏排列，淡黄色而有红斑；花被长约 2.5cm，裂片先端稍外弯；雄蕊与花被近等长或略长，花柱明显伸出花被外。蒴果，长椭球形。花期 4 ～ 8 月，果期 6 ～ 10 月。

【生态习性】喜光，也耐半阴，忌阳光直射和过度荫蔽。喜温暖，耐高温，不耐寒。适宜生长温度为 20 ～ 30℃，夜间最佳温度为 14 ～ 17℃。低于 10℃基本停止生长，低于 0℃叶肉受冻，全株萎蔫死亡。

有较强的抗旱能力，离土能干放数月不死亡。生长期需要充足的水分，但不耐涝。

【分布】我国南方各省份和北方温室常见栽培，也有由栽培变为野生的，但我国是否有真正野生的尚难以确定。我校家属区多有盆栽。

【观赏价值及应用】种植容易，兼具观赏、美容、食用、药用多种功能，多为家庭、办公室盆栽。

参考文献

黄愉婷，2015. 迷迭香栽培技术及其应用 [J]. 湖北林业科技，44（3）：3.

刘燕，2020. 园林花卉学 [M]. 4 版 . 北京 : 中国林业出版社 .

彭世逞，刘方农，刘联仁，2008. 华灰莉的栽培管理 [J]. 中国花卉盆景（11）：2.

宋墩福，杨治国，2018. 江西环境工程职业学院校园树木概览 [M]. 北京：北京理工大学出版社 .

郑万钧，2004. 中国树木志 [M]. 北京：中国林业出版社 .

中国科学院中国植物志编辑委员会，1981. 中国植物志 [M]. 北京：科学出版社 .

中文名索引

N

P

Q

R

S

T

W

X

Y

Z

学名索引

A

B

C

D

E

F

G

H

I

J

K

L

M

N

O

P

R

S

T

U

V

W

Y

Z